高等学校计算机专业
面向项目实践规划教材

C语言程序设计 项目式教程

◎ 巨同升 李业刚 李增祥 编著

清华大学出版社

北京

内 容 简 介

本书在教学内容的编排上,采用"项目驱动知识"的方式,即根据每一章项目案例的需求,合理地安排每一个知识主题的切入点,从而将 C 语言中枯燥难懂的语法知识分解到全书各章中,并力求通过程序实例归纳出来。

本书在讲解程序实例时,采用"逐步构造法"写出程序,即通过编程思路、算法设计、程序原型等环节一步一步地构造出完整的程序,从而加深读者对编程方法的理解和掌握。

在本书的各主要章节中,分别提供了若干个项目式案例,供读者学习参考之用。仔细研究这些案例,将有助于提高读者的程序设计能力。

本书内容依据当前最新版的 C 语言参考手册编写,兼顾 C89 与 C99 标准。内容包括引论、基本数据与运算、顺序结构程序设计、选择结构程序设计、循环结构程序设计、数组、指针、字符与字符串处理、函数、函数的进一步讨论、编译预处理命令、结构体与共用体、位运算、文件等。

本书依据 Visual C++2010 Express 和 DEV C++5.11 集成开发环境进行讲述,符合当前软件的发展趋势,便于读者上机调试程序。

本书教学内容的编排顺畅合理,编程方法的讲解新颖独特,特别适合于初学者自学。本书可作为高等院校各专业学生学习 C 语言程序设计的教材和参考书。

本书封面贴有清华大学出版社防伪标签,无标签者不得销售。
版权所有,侵权必究。侵权举报电话:010-62782989 13701121933

图书在版编目(CIP)数据

C 语言程序设计项目式教程/巨同升,李业刚,李增祥编著. —北京:清华大学出版社,2018(2019.1重印)
(高等学校计算机专业面向项目实践规划教材)
ISBN 978-7-302-48929-0

Ⅰ.①C… Ⅱ.①巨… ②李… ③李… Ⅲ.①C 语言－程序设计－教材 Ⅳ.①TP312.8

中国版本图书馆 CIP 数据核字(2017)第 285901 号

责任编辑:贾 斌 薛 阳
封面设计:刘 键
责任校对:焦丽丽
责任印制:李红英

出版发行:清华大学出版社
  网 址:http://www.tup.com.cn,http://www.wqbook.com
  地 址:北京清华大学学研大厦 A 座   邮 编:100084
  社 总 机:010-62770175   邮 购:010-62786544
  投稿与读者服务:010-62776969,c-service@tup.tsinghua.edu.cn
  质量反馈:010-62772015,zhiliang@tup.tsinghua.edu.cn
  课件下载:http://www.tup.com.cn,010-62795954
印 装 者:北京鑫海金澳胶印有限公司
经 销:全国新华书店
开 本:185mm×260mm 印 张:18.75   字 数:454 千字
版 次:2018 年 2 月第 1 版   印 次:2019 年 1 月第 2 次印刷
印 数:1501~2300
定 价:49.00 元

产品编号:071599-01

探寻C语言学习之道

C语言作为一门专业型的语言,具有功能强大、运行效率高、实用性强等特点。但是,若作为学习程序设计的入门语言,C语言却存在着诸多不足之处,比如C语言的语法过于灵活,C语言的指针功能过于强大等。凡此种种,往往会给初学者造成诸多的困惑,甚至严重打击初学者学习程序设计的自信心。

C语言难学似乎是初学者的一个共识,那么C语言到底难在哪里,如何才能破解C语言难学的困局呢?其实,C语言学习的难点主要在于其语法。而造成C语言语法难学的主要因素包括以下几方面:

(1) C语言提供了多种功能独特的运算符,诸如自增(自减)运算符、复合赋值运算符、条件运算符、逗号运算符、位运算符等。

(2) C语言允许将赋值表达式、自增(自减)表达式嵌入到其他表达式中,导致了C语言语句的表达形式灵活多变。

(3) C语言中指针的使用无处不在、功能异常强大。

(4) C语言中大大扩展了逻辑运算量的类型。

(5) C语言中大括号与分号的位置,若稍有变化,则往往会导致完全不同的含义。

以上特色一方面造就了C语言优异的性能,另一方面也给初学者埋设了诸多的"陷阱"。

下面从三个方面探寻正确的C语言学习之道。

1. 如何学习C语言的语法

其实,只要采取了正确的学习策略,C语言语法难学的问题是可以破解的。

首先,需要明确语法在程序设计中的地位。学习C语言的最终目的是为了学会编写程序解决现实问题,因此编程能力的培养是学习的核心。而语法是编程的基础,是为编程服务的,因此语法的学习应当紧紧围绕编程这个核心,脱离了编程的语法是毫无意义的。

是不是说必须系统地牢固地掌握了C语言的语法,才能学好编程呢?其实并非如此。对于程序设计来说,更重要的是确定编程的总体思路或者说是算法,而不是具体实现中的语法。既往的经验表明,只需要掌握少量最常规的语法,就可以编写出解决一般问题的程序。至于有些非常规语法,即使是专业的程序员都极少用到,更别说是初学者了。

因此,在学习时不要过于看重语法知识的系统性与连贯性,而应当根据程序设计的需求,循序渐进地积累语法知识。例如,C语言中的运算符与表达式特别丰富,若将这些内容集中到一章中学习,则既枯燥乏味,又难以深入理解;若根据语法与程序设计的内在联系,将这些内容分布到适当的章节中讲述,则既容易理解,又便于学以致用。例如,自增(自减)运算符和逗号运算符在学习循环结构之前就几乎不会用到,完全可以延后到循环程序部分再学习。

初学者应当优先学习那些既容易理解又频繁使用的常规语法,而应尽量避免研究那些既晦涩难懂又极少使用的非常规语法。比如,形如"j=i++ +i++ +i++、a+=a-=a+a"这样的表达式,在实际编程中几乎不可能出现,因此并无研究的必要。再比如,printf函数中各种格式说明符的详尽用法、整型数据的内存表示形式及相互转化、扩展的逻辑运算量及逻辑运算的短路、for语句的各种变式、通过指针引用二维数组的元素、行指针变量、指向函数的指针、链表等,这些内容初学者最好暂时不要深究。

当然,并不是说完全不研究这些非常规语法,而是要选择恰当的学习方式和时机。正确的学习方式是在编程实践中研究语法,包括在阅读其他人写好的程序时发现语法知识点,以及在自己编写程序、调试程序的过程中查阅并掌握需要用到的语法知识。这种方式具有更好的针对性,因而能够获得更好的学习效果。而正确的学习时机,则是在比较熟练地掌握了常规语法并能够编写一般难度的程序之后,再来研究这些非常规语法。采取这种策略相当于降低了知识之间的跨度,从而能够更好地理解和掌握知识。

2. 如何培养基本的编程能力

编程能力的培养需要一个长期积累的过程。那么,如何才能逐步地积累编程的经验呢?

首先是要尽量多地阅读其他人写好的程序,能够看懂程序实现的功能,分析出每条语句的作用,即如何一步步实现程序功能的。

然后上机调试阅读过的程序,从最简单的程序入手,将程序代码一条一条地录入、编辑,然后编译、运行。在调试程序的过程中,能够发现在书面上静态分析程序时所不能发现的问题,然后经过查阅资料、主动思考、改正错误的过程,即可获取新的知识和技能。这种收获是仅仅通过书面方式学习所不能得到的。因此,可以说不厌其烦地反复调试程序是学好程序设计的制胜法宝,这种说法一点都不为过。

在不断阅读已有程序的同时,还要经常地自己编写程序。从模仿已有的程序入手,尝试编写简单的程序。编写程序的过程最好在电脑上完成,一边编写、一边调试运行,然后根据调试中发现的问题及时地修正程序。在不断地改正错误的过程中,编程能力将会得到有效的提高。

对于具有一定复杂度的程序,可以首先尝试实现其中的一部分功能,待现有的程序调试运行成功之后,再在此基础上扩展一部分功能,然后如此循环往复,直至最终获得功能完善的程序。

3. 如何让编程水平更上一层楼

在具备了基本的编程能力之后,如何才能使得自己的编程水平更上一层楼呢?将程序设计应用于解决现实问题是提高编程能力的行之有效的方法,而面向项目的学习就是一种体现这种思路的卓有成效的培养学生综合分析问题、解决问题能力的教学模式。

所谓项目,是指来源于现实中的具有一定复杂度的问题,通常需要学生运用多方面的知识综合分析、统筹规划，才能解决。

面向项目的学习，需要学生自行查阅资料，准备与项目相关的知识。通过这种方式所获得的是最牢固的最有机的知识，更重要的是提高了学生自主学习的能力。来自于现实中的项目，往往是错综复杂的，在分析问题的过程中需要舍弃非本质的内容，提取出本质的核心问题，从而可以培养学生综合分析问题、统筹规划和解决复杂问题的能力。

前言

FOREWORD

C语言是目前世界上使用最广的高级程序设计语言,被广泛地应用于系统程序设计、数值计算、自动控制等诸多领域。

C语言的产生颇为有趣,C语言实际上是UNIX操作系统的一个副产品。1972年,美国贝尔实验室的Dennis Ritchie为了开发UNIX操作系统,专门设计了一种新的语言——C语言。由于C语言具有强大的功能和很高的运行效率,兼具高级语言的直观性与低级语言的硬件访问能力,因而很快从贝尔实验室进入了广大程序员的编程世界。

由于Dennis Ritchie设计C语言的初衷是用于开发UNIX操作系统,因此C语言称得上是一门专业语言。这使得C语言在具有强大的功能和较高的运行效率的同时,也在一定程度上存在语法晦涩难懂、不便于初学者掌握的不足之处。

因此,C语言似乎不太适合作为程序设计初学者的入门语言。不过在现代人效率观念的驱使下,仍有许多学校将C语言选作初学者的入门语言。

其实,这样选择也未尝不可。只不过在教学中应当思考如何采取有效的应对策略,使初学者避开那些晦涩难懂的语法,从C语言最基本、最实用的编程方法入手,力争使学习者尽快地学会程序设计的基本方法,进而达到应用编程解决实际问题的境界。

从学习者的角度来说,要注意抓住C语言学习的要害所在——编程方法,而不要沉溺于C语言的语法细节之中。因为学习C语言的目的是为了编写程序解决实际问题,而过于细致地研究C语言的语法对于提高编程能力并没有太大的帮助。

针对上述问题,本书作者在教学内容的编排上,采用了"项目驱动知识"的方式,即根据各章项目案例的需求,合理地安排每一个知识主题的切入点,从而将C语言中枯燥难懂的语法知识分解到全书各章中,并力求通过程序实例归纳出来。

本书在讲解程序实例时,采用"逐步构造法"写出程序,即通过编程思路、算法设计、程序原型等环节一步一步地构造出完整的程序,从而加深读者对编程方法的理解和掌握。

学习知识的最终目的是运用知识解决现实中的问题,而面向项目的教学就是一种紧密结合现实问题的、能够有效地提高学习者综合分析问题和解决问题能力的教学模式。在本书的各主要章节中,分别提供了若干个项目式案例,供读者学习参考之用。仔细研究这些案例,将有助于提高读者的程序设计能力。

本书第1章、第2章由李业刚编写,第3章、第11章由李增祥编写,第13章、第14章由淄博技师学院史国兴编写,其余各章由巨同升编写。全书由巨同升统筹并定稿。

　　在本书的编写过程中,作者得到了山东理工大学计算机科学与技术学院广大同仁的大力支持与帮助,在此表示感谢。

　　由于作者水平所限,书中难免存在不足之处,敬请广大专家和读者批评指正。

编　者

2018 年 1 月于山东理工大学

目录
CONTENTS

第1章

引　论

　　计算机之所以能够解决五花八门的问题,主要是通过软件实现的。这是因为一种计算机的硬件系统一经设计完成,就是基本固定不变的;而如何充分发挥硬件系统的功能,则要完全依赖于软件。

　　软件是程序、数据及相关文档的集合,其中程序是软件的主体。

1.1　程序与程序设计语言

　　所谓程序就是用于完成特定任务的一组指令的序列。从广义上来说,一篇菜谱、一段操作指令都是程序;而狭义的程序则特指计算机程序。

　　编写计算机程序需要有专门的程序设计语言。程序设计语言的发展经历了机器语言、汇编语言和高级语言三个时代。

　　机器语言的指令都是二进制代码,非常不便于编程者使用,而且其程序难以在具有不同指令系统的计算机之间移植。

　　汇编语言有所改进,其指令采用助记符表示,使用起来直观一些。不过,汇编语言指令与机器语言指令本质上是相同的,其程序仍然难以在具有不同指令系统的计算机之间移植。因而,机器语言与汇编语言统称为低级语言。

　　为了克服低级语言的缺点,从20世纪50年代开始,计算机科学家着手研究设计一种更加通用的、与具体计算机硬件无关的、表达方式接近于人类自然语言和数学语言的程序设计语言,这种语言称为高级语言。

　　从那时开始,计算机专家们陆陆续续地研究开发了数以千计的程序设计语言。就目前而言,常用的程序设计语言也有数十种之多。

　　各种程序设计语言的使用排名情况,可以查看 TIOBE 网站(https://www.tiobe.com/tiobe-index)的程序设计语言社区排行榜。

1.2　C 语言的发展及特点

1.2.1　C 语言的发展

在程序设计语言的发展历程中,从来没有一种语言像 C 语言一样具有如此广泛而长久的影响力。主要体现在如下三个方面：

（1）C 语言是编写操作系统的第一选择，同时也是编写其他系统软件的优先选择。

（2）C 语言在嵌入式系统程序设计方面具有独特的地位，C 语言是除了汇编语言之外使用最多的单片机编程语言。

（3）鉴于 C 语言获得了巨大的成功，人们相继开发了许许多多的"C-like"程序设计语言，从而构成了庞大的 C 家族，包括 C++、C♯、Objective-C、Java、PHP、Swift 等。

C 语言的诞生颇为有趣，C 语言实际上是 UNIX 操作系统的一个副产品。1972 年，美国贝尔实验室的 Dennis Ritchie 为了开发 UNIX 操作系统，专门设计出了一种新的程序设计语言——C 语言。由于 C 语言具有强大的功能、较高的运行效率，兼具高级语言的直观性与低级语言的硬件访问能力，因而很快从贝尔实验室进入了广大程序员的编程世界。

1.2.2　C 语言的标准化

1. 传统 C 语言

早期的 C 语言没有统一的标准和规范，直到 1978 年 Brain Kernighan 和 Dennis Ritchie 合著的 *The C Programming Language* 一书出版，才使这种状况得以改变。在这本书中定义的语法很快就成了当时事实上的 C 语言规范，通常将这种规范称为"传统 C 语言"。

2. C89 标准

在 C 语言的发展过程中，出现了很多 C 语言的"方言"版本，C 语言的标准化成为一个紧迫的问题。1983 年，美国国家标准化协会（ANSI）开始着手进行 C 语言的标准化工作，直到 1989 年 12 月颁布实施。1990 年，国际标准化组织接受了这一标准，并将其颁布为国际标准。通常将这一标准称为"C89 标准"。

目前，几乎所有的 C 语言编译器都能够支持 C89 标准。

3. C99 标准

1999 年，国际标准化组织再次颁布了新的 C 语言标准，通常称之为"C99 标准"。目前，大部分 C 语言编译器都能够支持 C99 标准。

4. C11 标准

2011 年，国际标准化组织再次颁布了迄今为止最新的 C 语言标准，通常称之为"C11 标准"。目前，几种主流的 C 语言编译器能够部分地支持 C11 标准。

本书内容主要依据 C89 标准讲解，部分内容同时兼顾 C99 标准。

1.2.3　C 语言的特点

C 语言之所以具有如此强大持久的生命力，成为经久不衰、最受欢迎的程序设计语言之一，是由 C 语言自身所具有的如下显著特点所决定的。

1. 简洁

C 语言的关键字与保留标识符特别简短，并采用一对大括号定义程序块，从而使得 C 语言的程序异常简洁。

2. 灵活

由于 C 语言定义了若干功能独特的运算符，加之赋值运算可以嵌入到其他表达式中，导致了 C 语言语句的表达形式灵活多变。当然,过于灵活多变的语法表示也会给学习者带来诸多的陷阱与困惑。

3. 功能强大

C 语言具有丰富而独特的数据类型与运算符,使得 C 语言具有强大的数据表达能力与数据处理能力。

4. 效率高

C 语言的高效率主要得益于其灵活强大的指针功能,使得 C 语言程序具有仅次于汇编语言程序的执行效率。

1.3 C 语言程序的构成

为了对 C 语言有一个感性的认识,下面我们来预览一个简单的 C 语言程序。

【例 1.1】 已知一做匀速直线运动物体的速度为 20m/s,运动时间为 10s,编程序求其位移。

问题分析:

这是一个很简单的物理问题,我们可以轻而易举地求得问题的答案。不过,这里需要我们完成的是编写一个程序,让计算机求得问题的答案。

如何编写这个程序呢?别着急,有人已经替我们写好了这个程序,让我们来看一下。

```
#include <stdio.h>
int main(void)
{
    int v,t,s;
    v = 20;
    t = 10;
    s = v * t;
    printf("%d",s);
    return 0;
}
```

这就是一个简单而完整的 C 语言程序,我们来分析一下它的结构组成。

C 语言是一种函数型语言,每个 C 语言程序都是由若干个函数组成的,即函数是 C 语言程序的基本构成单位,C 语言的函数相当于其他语言的子程序。

该程序由一个函数构成。其中的 int main(void)是函数首部(也称为函数头),而 main 是它的函数名。

以一对大括号括起来的部分是函数的主体部分,称为函数体。函数体是由若干条语句构成的。下面分析一下各条语句的功能。

```
int v,t,s;
```

这条语句定义了 3 个变量"v、t、s",分别用来存储 3 个物理量的值。一般来说,有几个物理量就定义几个变量。其中的 int 表示这 3 个变量是用来存储整数的变量。

```
v = 20;t = 10;
```

这两条语句用来分别将一个数存入到一个变量中,也就是将两个已知量的值告诉计算机。

```
s = v * t;
```

这条语句用来将未知量与已知量的关系告诉计算机,即通过已知量"v、t"求得未知量"s"的值。

```
printf("%d",s);
```

这条语句用来在显示器上输出变量"s"的结果。其中的"%d"表示以整数格式输出。

可以发现,上述程序由以下4部分组成,而这也是简单C语言程序的一般构成。

(1) 定义变量。变量的作用是存储各个物理量的值。一般来说,有几个物理量就需要定义几个变量。

(2) 输入已知量的值,即将已知量的值告诉计算机。

(3) 将已知量与未知量的关系告诉计算机,求得未知量的值。

(4) 输出求得的未知量的值。

综合上面的例子,我们来看一下C语言程序最基本的构成规则。

(1) 一个C语言程序是由若干个函数组成的,其中必须有一个主函数(main 函数)。函数是C语言程序的基本构成单位。

(2) 一个C语言程序总是从 main 函数开始执行的,而不论 main 函数位于其他函数之前或其他函数之后。

(3) 一个函数由函数首部和函数体两部分组成。最简单的函数首部,是由函数类型、函数名以及其后的一对圆括号组成的,如 int main();函数体是由括在一对大括号中的若干条语句组成的。

(4) 每条语句的末尾必须有一个分号,分号是C程序语句必不可少的组成部分。

(5) C程序书写格式自由,既可以将几条语句写在同一行上,也可以将一条语句写在几行上。因为可以用分号来区分不同的语句。

(6) 为了增强程序的可读性,可以对C程序中的任意部分作注释说明。注释信息必须写在 /* 和 */ 之间,C99 标准中还可以将从 // 开始直至行末的字符序列定义为注释信息。注释信息对程序的执行不产生任何影响。

1.4　C语言程序的运行

编辑完成的C语言源程序(扩展名为.c)并不能直接运行,必须先经过编译得到目标程序(扩展名为.obj),再经过连接得到可执行程序(扩展名为.exe)。

C语言集成开发环境(IDE)是集成化的软件开发工具,一般都提供了C语言程序的编辑、编译、连接、调试、运行等功能。目前常用的C语言集成开发环境包括以下几种:

(1) Dev C++;

（2）Code Blocks；

（3）Visual Studio；

（4）Visual C++。

下面分别介绍使用 Dev C++5.11 与 Visual C++2010 进行 C 语言程序开发的一般步骤。

1.4.1 Dev C++

Dev C++是一个 Windows 环境下的 C/C++集成开发环境，它是一款自由软件。目前，其最新版本是 5.11 版。

Dev C++5.11 的英文运行界面如图 1.1 所示。

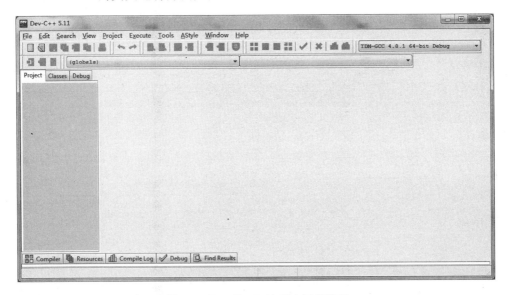

图 1.1　Dev C++5.11 英文运行界面

Dev C++5.11 支持多语言运行界面。在安装时先将运行界面语言选择为英文，然后可以在第一次启动时选择中文运行界面，也可以在此之后通过选择 Tools→Environment Options→Language 设置为中文运行界面。

1. 编辑源程序

在 Dev C++5.11 的主窗口的菜单中，选择【文件】→【新建】→【源代码】，将会打开代码编辑窗口。在代码编辑窗口中编辑 C 语言源程序，然后选择【文件】→【保存】，保存类型选择 C source files，如图 1.2 所示。

在编辑代码时，所有的字符（包括特殊字符、标点符号及格式说明符）必须使用半角字符，不过字符串中格式说明符之外的普通字符不受此限制。在 Dev C++5.11 中，中文、英文标点符号可以从颜色上区分出来。

在 Dev C++5.11 中，可以在按下 Ctrl 键的同时，通过滚动鼠标滚轮方便地调整字体的大小。

2. 编译源程序

在 Dev C++5.11 的主窗口的菜单中，选择【运行】→【编译】，将会对当前源程序进行编

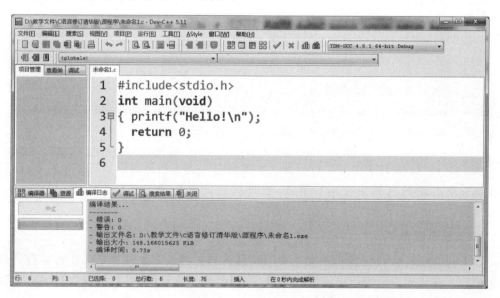

图 1.2　保存程序

译与连接，生成可执行文件，如图 1.3 所示。

图 1.3　编译与连接

3. 运行程序

在 Dev C++5.11 的主窗口的菜单中，选择【运行】→【运行】，将会运行可执行文件，产生输出结果，如图 1.4 所示。

1.4.2　Visual C++2010

Visual C++2010 是 Microsoft 公司的产品，发布于 2010 年。

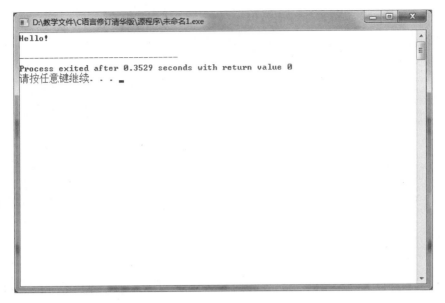

图 1.4　输出结果

启动 Visual C++2010，将会打开如图 1.5 所示的主窗口。

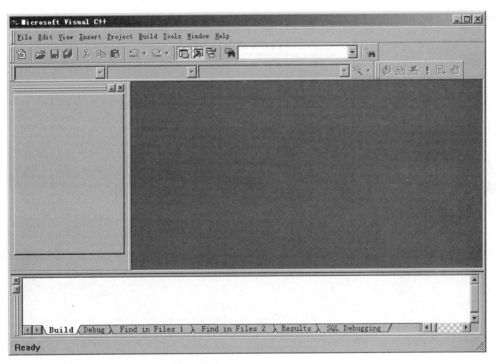

图 1.5　Visual C++2010 主窗口

1. 编辑源程序

在 Visual C++2010 的主窗口的菜单中，选择 File→New，将会打开 New 对话框，如图 1.6 所示。在对话框中选择 File 选项卡，然后选择 C++Source File，选择文件保存位置并输入源程序文件名(此处必须添加扩展名.c),最后单击 OK 按钮,将会打开代码编辑窗口。

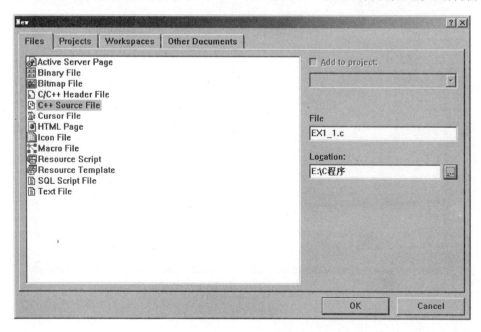

图 1.6　New 对话框

如图 1.7 所示,在代码编辑窗口中编辑 C 语言源程序,然后选择 File→Save。

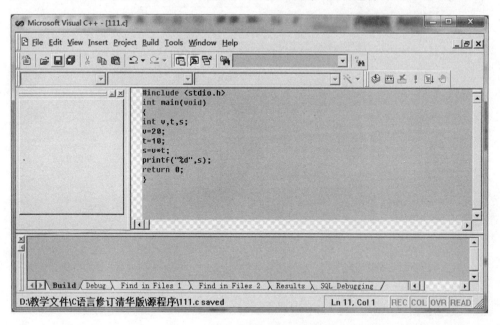

图 1.7　输入源程序后的主窗口

2. 编译源程序

在 Visual C++2010 的主窗口的菜单中,选择 Build→Compile,将会打开如图 1.8 所示的信息框,询问是否创建活动工作区。

图 1.8　创建活动工作区信息框

单击按钮【是】,编译系统将会创建一个默认的项目工作区,然后完成对源程序的编译,如图 1.9 所示。

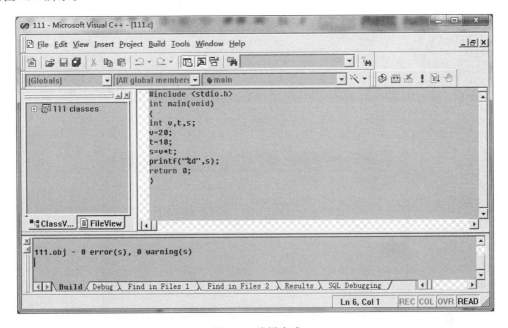

图 1.9　编译完成

3. 连接

在 Visual C++2010 的主窗口的菜单中,选择 Build→Build,将会完成目标程序的连接,从而生成可执行程序,如图 1.10 所示。

用户也可以跳过 Build→Compile,而直接选择 Build→Build。编译系统将会依次完成编译、连接两个过程。

4. 运行程序

在 Visual C++2010 的主窗口的菜单中,选择 Build→Execute,运行可执行程序并输出结果,如图 1.11 所示。

需要特别注意,在 Visual C++2010 开发环境中,每个程序需要分别对应于一个项目工作区。因此,在当前程序运行完成之后,必须选择 File→Close Workspace 关闭当前工作区,然后才能开始一个新的源程序并创建新的项目工作区。

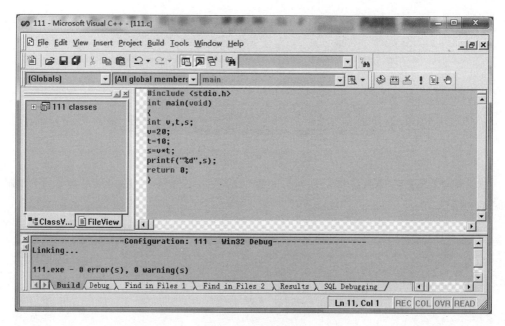

图 1.10　连接完成

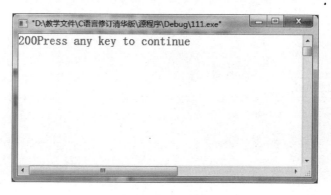

图 1.11　输出运行结果

1.4.3　程序的调试

在程序中存在错误是在所难免的,如何在有错的程序中准确地定位错误、排除错误才是最关键的问题。

1. 错误类型

程序中最常见的错误包括语法错误、逻辑错误和运行时错误三种。

1) 语法错误

语法错误是指因为程序违反了程序设计语言的语法而导致的错误。编译系统能够发现程序中的语法错误,并以错误信息的形式显示出来。语法错误又分为错误(error)和警告(warning)两种。错误是比较严重的问题,必须改正,否则不能生成目标程序和可执行程序。警告是比较轻微的错误,不影响目标程序和可执行程序的生成;即便如此,最好还是尽量修正程序,排除所有的警告。

2）逻辑错误（语义错误）

逻辑错误（语义错误）是指因为程序的处理逻辑不正确而导致的错误。例如程序原本要计算 $1+2+3+\cdots+100$ 的值，实际上却多加了一个 101，这就是逻辑错误。逻辑错误的原因是编程者没有正确地表达自己的思路，而编译系统并不知道编程者的初衷是什么，因而编译系统不能发现逻辑错误，因此逻辑错误只能由编程者自行查找。

3）运行时错误

运行时错误是指程序在运行过程中出现的异常情况，导致程序无法继续运行而退出，其信息框如图 1.12 所示。常见的运行时错误包括内存溢出、堆栈溢出、非法访问内存单元等。

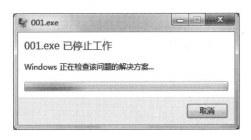

图 1.12　运行时错误信息框

2. 调试程序

调试程序就是发现并改正错误的过程，是一项具有挑战性的工作。程序的调试过程一般包括 4 个步骤：发现错误、定位错误、分析出错原因和改正错误，其中的难点是定位错误和分析出错原因。

（1）发现错误就是确定在程序中存在错误的过程。语法错误能够由编译系统发现，运行时错误也会有相应的信息提示，而逻辑错误则可以从程序的运行结果中体现出来。

（2）定位错误就是具体确定出错语句位置的过程。语法错误能够由编译系统定位，编程者只需查看出错信息即可获知。但需要注意，编译系统给出的出错信息有时并非十分准确，编程者需要参考出错信息，综合分析出错语句的上下文进行错误的准确定位。

对于逻辑错误，编译系统既不能发现也不能定位，编程者需通过分析程序的运行结果、自行查找定位。为了能够准确地定位具体的出错语句，可以在程序中临时添加输出中间变量结果的语句。待程序调试正确之后，再将这些输出中间结果的语句删除。

运行时错误能够在程序运行过程中表现出来，其错误定位可以参照逻辑错误的定位方法。

（3）在定位出错点之后，还要分析具体的出错原因。语法错误的出错信息可以帮助编程者确定出错的原因。对于逻辑错误，则需要仔细分析出错语句中变量之间的运算逻辑关系是否正确。对于运行时错误，则着重检查是否存在非法的内存访问。

（4）一旦明确了出错原因，改正错误将是水到渠成。但是需要注意，在改正错误的同时应避免引入新的错误。

第2章

基本的数据与运算

程序离不开数据,数据是程序处理的对象。本章主要讨论 C 语言中的基本数据类型,以及这些类型的数据通过基本算术运算符构成的各种表达式。

2.1 常量、变量与标识符

2.1.1 关键字与标识符

在编写 C 语言程序时,要经常用到一些预先定义好的类型名(如 int、float 等),还有一些具有特定作用的单词(如 if、return 等)。在 C 语言中,将这些预先定义好的单词和类型名,称为关键字(keyword)。

有关 C 语言关键字的详细信息可以查看本书附录 B。

除了关键字之外,编程者往往也需要定义一些名字来表示程序中的实体,如变量名、函数名、文件名等。在 C 语言中,将各种实体的名字统称为标识符(idetifier)。

定义标识符有一定的规范要求。C 语言规定,标识符只能由英文字母、数字和下画线三种字符组成,并且首字符必须是英文字母或下画线。例如,a、x3、BOOK_1、sum5 都是合法的标识符。

需要特别注意,在 C 语言中严格区分字母的大小写。因此,sum 和 Sum 是两个不同的标识符。

在 C 语言标准库的头文件中定义了大量的标识符,主要是一些库函数名、类型名和宏名,如 printf、scanf、EOF 等。这类标识符称为保留标识符。

由编程者自己定义的标识符称为用户标识符。很显然,用户标识符既不能与关键字重名,也不能与保留标识符重名。

2.1.2 变量

C 语言中的数据可以分为常量与变量。变量(variable)是指在程序运行过程中,其值可以改变的量。

变量的作用是存储程序中用到的数据。为什么可以将数据存储在变量中呢?因为从本质上说,一个变量就是若干个连续的内存单元。例如,在 Visual C++ 2010 中,一个 int 型变量在内存中占用 4 个内存单元(一般微型计算机中,一个内存单元的长度是 1 字节)。因此对这个变量的操作,实际上就是对这 4 个内存单元的操作。

1. 变量的定义

C 语言程序中的变量必须先定义后使用,定义变量就是给变量指定类型并分配相应的内存空间。C89 标准规定变量定义语句只能置于块(以一对大括号括起来的一组语句称为一个块)的开头部分。C99 标准则允许在程序中的任意位置定义变量。

例如:

```
#include <stdio.h>
int main(void)
{
 int a,b;
 a = 32767;
 b = 99;
 printf("%d, %d\n",a,b);
 return 0;
}
```

2. 变量的赋值

变量的赋值是 C 语言程序中最常用的一种运算。所谓赋值就是将一个数据的值存入到一个变量所对应的内存单元中。

例如:

```
int a;
a = 12;
```

赋值之后,变量 a 所对应的内存单元中的内容为 12(二进制形式为 00000000 00000000 00000000 00001100)。

赋值运算的一般形式为:

变量 = 表达式

其中的"="称为赋值运算符。赋值运算的功能是:先求出右侧表达式的值,然后将该值存入到左侧的变量中。

例如:

```
int v,t,s;
v = 10;
t = 20;
s = v * t;
```

【例 2.1】 已知地球赤道的半径为 6 377.830km,编程序计算赤道的周长。

编程思路:

(1) 该问题中有三个物理量:半径、周长、圆周率。

(2) 因为圆周率是一个常数,故不宜定义为变量。程序中也不能直接用希腊字母 π 来代表圆周率。

(3) 因为半径和周长是实数,故应定义为实型变量。

源程序：

```
# include < stdio. h >
int main(void)
{
 float r,c;
 r = 6377.830;
 c = 2 * 3.14159 * r;
 printf(" % f",c);
 return 0;
}
```

此程序中的变量定义语句中的 float 表示定义实型变量,printf 函数中的"％f"表示按实数格式输出变量 c 的值。

该程序的运行结果只给出了变量 c 的值,缺乏必要的说明信息,不够明确,故可以将输出语句改为

```
printf("c = % f\n",c);
```

或者

```
printf("地球赤道的周长 = % f 千米\n",c);
```

其中的"\n"是换行符,起到使光标换行的作用。

2.1.3　常量

常量(constant)是指在程序运行过程中,其值不能改变的量。C 语言中的常量分为直接常量和符号常量两种。

1. 直接常量

直接常量也称为字面常量,即直接在程序中写出来的常量,如例 2.1 中的 6377.830、3.141 59。

2. 符号常量

符号常量即用一个标识符来代表一个常量。C 语言中使用 define 命令来定义符号常量。习惯上使用大写字母表示符号常量。

其定义格式为:

```
#define　标识符　常量
```

【例 2.2】　已知地球的平均半径为 6371.393km,编程序计算地球的表面积。

编程思路:

为了使得程序更加直观,此处将圆周率定义为一个符号常量 PI。

源程序:

```
# include < stdio. h >
# define PI 3.14159                  / * 注意此处既无" = ",也无分号 * /
int main(void)
{
 float r,s;
```

```
r = 6371.393;
s = 4 * PI * r * r;
printf("地球表面积 = % f\n",s);
return 0;
}
```

使用符号常量可以改善程序的可读性和可维护性。但需要注意,由于符号常量不是变量,故不能对符号常量进行赋值。

3. 常变量

若希望程序中某个变量的值是固定不变的,则可以将其定义为常变量(也称为只读变量)。

其定义格式为:

const 类型说明符 变量名表;

只能在定义常变量的同时进行赋值,而不能采用其他方式赋值。

例如:

```
# include < stdio.h >
int main(void)
{
const int n = 100;
printf("n = % d\n",n);
return 0;
}
```

错例:

```
# include < stdio.h >
int main(void)
{
const int n;
n = 100;
printf("n = % d\n",n);
return 0;
}
```

2.2 整型、实型与字符型数据

数据是程序处理的对象。除了前面程序中用到的整型和实型数据之外,有时候我们还要用到字符等其他类型的数据。那么 C 语言中可以使用哪些类型的数据呢?

C 语言的数据类型可以分为标量类型、组合类型以及共用体类型和 void 类型,如图 2.1所示。

本章主要讨论整型、实型和字符型数据的用法。

2.2.1 整型数据

整型数据包括整型常量和整型变量。

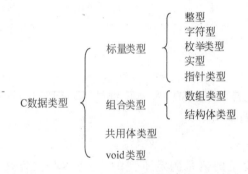

图 2.1   C 语言的数据类型

1. 整型常量

整型常量即整数。在 C 语言程序中可以使用三种形式的整数。

(1) 十进制整数。如 123，−123。

(2) 八进制整数。必须以 0 开头，如 0123，−0123。

(3) 十六进制整数。必须以 0x 开头，如 0x12a，−0x12a。

在 C 语言程序中不能直接使用二进制整数。

【例 2.3】 整型常量的使用。

```
# include < stdio. h >
int main(void)
{
int a,b,c;
 a = 100;
 b = - 0100;
 c = 0x100;
 printf("a = % d,b = % d, c = % d\n",a,b,c);
 return 0;
}
```

程序运行结果为：

a = 100,b = - 64,c = 256

2. 整型变量

整型变量用于在程序中存储整数。为了充分地利用计算机的存储空间，C 语言按照整型数据在内存中的长度分为基本整型、短整型、长整型三种；每一种又分为有符号与无符号两种。

在 Visual C++2010 中，各种整型数据的类型、长度和取值范围如表 2.1 所示。

表 2.1   整型数据的类型及取值范围

类 型 名 称	类型标识符	长度/b	取 值 范 围
有符号基本整型	［signed］int	32	$-2\,147\,483\,648 \sim 2\,147\,483\,647(-2^{31} \sim 2^{31}-1)$
无符号基本整型	unsigned［int］	32	$0 \sim 4\,294\,967\,295(0 \sim 2^{32}-1)$
有符号短整型	［signed］short［int］	16	$-32\,768 \sim 32\,767(-2^{15} \sim 2^{15}-1)$

类 型 名 称	类型标识符	长度/b	取 值 范 围
无符号短整型	unsigned short［int］	16	$0\sim65\ 535(0\sim2^{16}-1)$
有符号长整型	［signed］long［int］	32	$-2\ 147\ 483\ 648\sim2\ 147\ 483\ 647(-2^{31}\sim2^{31}-1)$
无符号长整型	unsignedlong［int］	32	$0\sim4\ 294\ 967\ 295\ (0\sim2^{32}-1)$

在内存中,有符号整数是以二进制补码的形式存储的,而无符号整数是以无符号二进制数的形式存储的。

【例 2.4】 已知变量 a 和 b 的值分别为 100 和 200,编程序交换这两个变量的值。

编程思路:

(1) 交换变量 a 和 b 的值,就是将 b 原来的值赋给 a,而将 a 原来的值赋给 b。

(2) 但是若直接用 a＝b;b＝a;进行交换,则变量 a 原来的值将会丢失。

(3) 故应首先将变量 a 原来的值保存到第三个变量 t 中,即 t＝a; a＝b;b＝t;。

源程序:

```
# include < stdio. h>
int main(void)
{
  int a,b,t;
  a = 100;
  b = 200;
  t = a;a = b;b = t;
  printf("a = % d,b = % d\n",a,b);
  return 0;
}
```

2.2.2　实型数据

实型数据包括实型常量和实型变量。

1. 实型常量

实型常量即实数(浮点数),在 C 程序中可以使用两种形式的实数。

1) 十进制小数形式

例如,123.456、−123.456 等。

2) 十进制指数形式(即科学记数法)

一般形式:

尾数部分 e 指数部分

或

尾数部分 E 指数部分

例如,1.234 56e3 和 1.234 56e−3 分别代表 $1.234\ 56\times10^3$ 和 $1.234\ 56\times10^{-3}$。

指数形式的尾数部分不能缺省,指数部分必须为整数。例如,10^{-6} 应表示为 1e−6。

2. 实型变量

实型变量用于在程序中存储实数。为了充分地利用计算机的存储空间,C语言将实型数据进一步地划分为单精度实型、双精度实型和长双精度实型三种类型。

在 Visual C++ 2010 中,各种实型数据的长度和取值范围如表 2.2 所示。

表 2.2　实型数据的类型及取值范围

类型名称	类型标识符	长度/b	有效数字	取值范围
单精度实型	float	32	7~8 位	$-3.4 \times 10^{38} \sim 3.4 \times 10^{38}$
双精度实型	double	64	15~16 位	$-1.7 \times 10^{308} \sim 1.7 \times 10^{308}$
长双精度实型	long double	64	15~16 位	$-1.7 \times 10^{308} \sim 1.7 \times 10^{308}$

实型数据在内存中是以二进制指数形式存储的。例如,float 型数据在内存中的存储形式如图 2.2 所示。

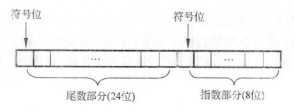

图 2.2　实型数据的存储形式

实型数据在内存中存储的二进制位数是有限度的,例如 float 型数据在内存中只能存储 24 位二进制小数。而将一个十进制实数转化为二进制形式时,其有效数字位数有可能会超出这个长度,从而导致有效数字丢失而产生误差。

【例 2.5】　实型数据的舍入误差。

```
# include < stdio. h >
int main( void)
{
 float x;
 double y;
 x = 123.4567890123456789;
 y = 123.4567890123456789;
 printf("x = %.20f\n",x);           / * 保留 20 位小数 * /
 printf("y = %.20f\n",y);
 return 0;
}
```

程序运行结果为:

```
x = 123.45678710937500000000
y = 123.45678901234568000000
```

可见,单精度实型产生了一定的误差,而双精度实型的误差则会小一些。

【例 2.6】　已知某球体的半径,编程序计算其表面积。

编程思路:

在前面计算地球表面积的例题中,只能求得特定半径值的球体表面积,程序的通用性较差。如何才能利用同一个程序求得任意半径值的球体表面积呢? 其实,我们可以借助于 C 语言中的 scanf 函数来实现这个目标。

scanf 函数具有在程序运行过程中给变量输入赋值的功能。例如,当程序执行到语句 scanf("%f",&r);时,将会暂停执行;等待用户从键盘输入一个实数之后,将这个实数赋给变量 r,然后继续执行后边的语句。

源程序:

```
# include < stdio.h>
# define PI 3.14159
int main(void)
{
 float r,s;
 scanf("%f",&r);
 s = 4 * PI * r * r;
 printf("球体表面积 = %f\n",s);
 return 0;
}
```

2.2.3 字符型数据

字符型数据包括字符型常量和字符型变量。

1. 字符型常量

字符型常量是单个的 ASCII 码字符,在程序中用单引号括起来,如'a'、'$'、'='、'+'、'?'等。

为了能够在程序中表示一些特殊字符,C 语言中引入了转义字符的概念。转义字符是以反斜线"\"开头的 2~4 个字符的序列。

常用的转义字符如表 2.3 所示。

表 2.3 常用的转义字符及其含义

转义字符	转义字符的意义	ASCII 码
\a	警报(响铃)	7
\n	换行符	10
\r	回车符	13
\f	换页符	12
\t	水平制表符	9
\v	垂直制表符	11
\b	退格符	8
\0	空字符	0
\\	反斜线"\"	92
\'	单引号	39
\"	双引号	34

C 语言还支持用数字形式表示的转义字符:

(1) '\qqq'代表 ASCII 码值为八进制数 qqq 的字符,其中的 qqq 可以是 1~3 位八进制数。例如,'\0'代表 ASCII 码值为 0 的字符(空字符),'\101'代表 ASCII 码值是八进制数

101(二进制数 0100 0001)的字符'A'。

(2) '\xhh'代表 ASCII 码值为十六进制数 hh 的字符,其中的 hh 可以是 1~2 位十六进制数。例如,'\x61'代表 ASCII 码值是十六进制数 61(二进制数 0110 0001)的字符'a'。

为了避免与空字符'\0'产生混淆,转义字符中的十六进制数的前导 0 一律省略,而八进制数的前导 0 则可有可无。

可见,使用数字形式的转义字符可以表示 ASCII 码字符集中的任意一个字符。

2. 字符型变量

字符型变量用来存放字符型常量,一个字符型变量中只能存放一个字符型常量。

C 语言中用关键字 char 定义字符型变量。

例如:

```
char ch;
ch = 'A';
```

字符型数据在内存中是以二进制 ASCII 码的形式存储的,长度为一个字节。

3. 字符串常量

C 语言除了可以处理单个字符之外,也可以处理字符串。字符串常量是字符(可以包括汉字等字符)的序列,在程序中用一对双引号括起来。

例如,"How are you"、"中国"、"a"等都是合法的字符串常量。

不含任何字符的字符串称为空字符串,即""。

2.2.4　sizeof 运算符

在 C 语言的标准中,并未严格定义整型、实型数据的内存长度。因此,同一种类型的数据在不同的编译器中有可能具有不同的内存长度。不过,利用 C 语言中的 sizeof 运算符,可以很方便地测试出某种类型或数据的内存长度。

sizeof 运算符的一般形式:

sizeof(类型名或数据)

其中的数据可以是常量、变量、数组名和表达式。

【例 2.7】 sizeof 运算符用法示例。

```
# include < stdio. h >
int main(void)
{
 int a[10], * p = a;
 int m;
 double x;
 printf(" % d, % d\n",sizeof(char),sizeof(long double));
 printf(" % d, % d\n",sizeof(m),sizeof(x));
 printf(" % d, % d\n",sizeof(a),sizeof(p));
 printf(" % d, % d\n",sizeof(65535),sizeof(123.456789));
 return 0;
}
```

需要注意,sizeof 是运算符而不是函数。

2.3　算术运算符和算术表达式

程序对数据的处理是通过运算符实现的。C 语言具有非常丰富的运算符,这里先介绍其中最常用的基本算术运算符。

2.3.1　基本算术运算符

基本算术运算符包括以下几种。

(1) 加法运算符:＋。

(2) 减法运算符:－。

(3) 乘法运算符:＊。

(4) 除法运算符:/。

(5) 求余数运算符:％。

(6) 取正运算符:＋。

(7) 取负运算符:－。

其中前 5 种属于双目运算符(二元运算符,有两个运算量),后面两种属于单目运算符(一元运算符,只有一个运算量)。

在 C 语言中,有些算术运算符的用法与数学中有所不同,使用时要注意区分。

(1) 两个整数相除的结果也是一个整数。

先来看一个具体的例子。

【例 2.8】 已知球体的半径,编程序计算其体积。

源程序:

```
# include < stdio. h>
# define PI 3.14159
int main(void)
{
  float r,v;
  scanf(" % f",&r);
  v = 4/3 * PI * r * r * r;
  printf("v = % f\n",v);
  return 0;
}
```

该程序运行时,若输入 10,则运行结果为:

```
v = 3141.590000
```

结果显然不正确,原因何在呢?

这是因为 C 语言中规定:在二元运算中,结果的类型与参与运算的运算量的类型相同。故两个整数相除的结果还是一个整数,因此 4/3 的结果为 1。这种取整方法称为截断取整(或向零取整),即直接截取数学运算结果的整数部分。

故相应的语句应改为:

v = 4.0/3.0 * PI * r * r * r;

或者

v = 4.0/3 * PI * r * r * r;

也可以改为 v＝PI * r * r * r * 4/3;,因为此处 PI * r * r * r * 4 的结果是实数,故除以整数 3 之后的结果仍是一个实数。

（2）求余数运算只能用于两个整型数据之间,且余数总是与被除数同号。因此,若 m、n 为整型数据,则有 m％n＝m－m/n * n。

例如:

```
5 % 3 = 2
- 5 % 3 = - 2
5 % - 3 = 2
- 5 % - 3 = - 2
```

【例 2.9】 编程序实现从键盘输入一个四位正整数,分离出它的每一位上的数字并输出。

编程思路:

（1）正整数的个位数,可以通过对 10 求余数求得。

（2）正整数的十位数,可以先通过整除 10 去掉原来的个位数,然后再通过对 10 求余数求得。

（3）正整数的百位数,可以先通过整除 100 去掉原来的后两位数,然后再通过对 10 求余数求得。

（4）其余的位,依此类推。

源程序:

```
# include < stdio. h>
int main( void)
{
  int n,d4,d3,d2,d1;
  scanf(" % d",&n);
  d1 = n % 10;                        / * 个位 * /
  d2 = n/10 % 10;                     / * 十位 * /
  d3 = n/100 % 10;                    / * 百位 * /
  d4 = n/1000 % 10;                   / * 千位 * /
  printf("千位 = % d, 百位 = % d, 十位 = % d, 个位 = % d\n",d4,d3,d2,d1);
  return 0;
}
```

可见,从变量 n 中分离出各位数的一般方法为:个位数为 n％10,十位数为 n/10％10 (或 n％100/10),百位数为 n/100％10(或 n％1000/100),千位数为 n/1000％10(或 n％10000/1000),依此类推。

2.3.2 算术表达式

用算术运算符将运算量连接起来所形成的符合 C 语言语法规则的算式,称为算术表达式。其中的运算量可以是常量、变量和函数调用。

例如:

a * b/c - 1.5

C语言中表达式的写法与数学中的代数式有所不同,使用时要注意以下几点。

(1) 表达式中的乘号不能省略。例如,a * b * c。

(2) 在表达式中,可以调用C语言的库函数。最常用的数学库函数包括绝对值函数 fabs(x)、乘方函数 pow(x,y)、平方根函数 sqrt(x)等。

在程序中调用库函数时,应该在程序的开头用include命令包含相应的头文件。库函数与头文件的对应关系可以从本书附录D中查得。

(3) 在表达式中用括号改变运算符的运算次序时,一律使用圆括号。例如:

(- b + sqrt(b * b - 4 * a * c))/(2 * a)

【例2.10】 已知两点的平面直角坐标值,编程序计算这两点之间的距离。

编程思路:

根据平面上两点之间的距离公式,并利用C语言中的数学库函数即可求得。

源程序:

```
# include < stdio. h >
# include < math. h >
int main(void)
{
  float x1,y1,x2,y2,d;
  scanf("%f%f%f%f",&x1,&y1,&x2,&y2);
  d = sqrt(pow(x1 - x2,2) + pow(y1 - y2,2));
  printf("两点之间距离 = %f\n",d);
  return 0;
}
```

2.3.3 运算符的优先级

运算符的优先级即运算符运算的先后优先次序。例如,在基本算术运算中,取正和取负运算符的优先级最高,乘法、除法和求余数运算符的优先级次之,加法和减法运算符的优先级最低。

有关运算符优先级的详细情况可以查看本书附录C。

2.3.4 运算符的结合性

当一个运算量两侧的运算符优先级相同时,若先对左侧运算符进行运算,则称之为左结合性;若先对右侧运算符进行运算,则称之为右结合性。

例如,在表达式 $10/5 * 2$ 中,"*"和"/"均为左结合性的运算符。

有关运算符结合性的详细情况可以查看本书附录C。

第3章

顺序结构程序设计

结构化程序可以由顺序、选择和循环三种基本结构组成。所谓顺序结构是指程序中的语句完全按照其排列次序执行。本章主要介绍顺序结构程序的编写以及一些常用语句。

3.1　C 语言的语句类型

C 语言中的语句可以分成以下 6 种类型。

（1）说明语句，是用于定义或声明变量、数组、类型以及函数原型的语句。例如：

```
int a;
float x;
```

（2）表达式语句，在表达式之后加一个分号构成。例如：

```
a = a + 1;
i + + ;
```

赋值语句是最重要的表达式语句。

（3）函数调用语句，在函数调用之后加一个分号构成。例如：

```
printf("x = % d, y = % d\n",x,y);
scanf(" % d % d",&x,&y);
```

（4）空语句，即只由一个分号构成的语句。空语句不执行任何操作，通常用于一些特殊场合。

（5）控制语句，是用于控制程序执行流程的语句。如 if-else 语句、while 语句等。

（6）复合语句，是用一对大括号括起来的若干条语句。例如：

```
{t = a;a = b;b = t;}
```

从语法作用上来说，一条复合语句视为一条语句。

3.2　变量的赋值和初始化

3.2.1　赋值表达式

赋值表达式的一般形式为：

变量 = 表达式

其中的"="称为赋值运算符。

赋值表达式的功能是先求得赋值运算符右侧表达式的值,再将该值存入到左侧的变量中。

例如:

```
a = 3
a = a + 1
```

可以出现在赋值运算符左侧的量,称为左值(Lvalue)。变量是最常见的左值。

作为一种表达式,赋值表达式也有自己的值。一个赋值表达式的值,其实就等于赋值运算符左侧变量的值。

【例3.1】 赋值表达式的值示例。

```
# include < stdio. h>
int main(void)
{
 int a,b;
 a = 3;
 printf("%d\n",b = a);          /* 输出表达式 b = a 的值 */
 return 0;
}
```

程序的运行结果为:

```
3
```

赋值运算符右侧的表达式也可以是赋值表达式。

【例3.2】 赋值运算符的结合性。

```
# include < stdio. h>
int main(void)
{
 int a,b,c;
 a = b = c = 6;
 printf("a = %d,b = %d,c = %d\n",a,b,c);
 return 0;
}
```

可见,赋值运算符具有右结合性。

3.2.2 变量的初始化

在C语言中,允许在定义变量的同时给变量赋值,称为变量的初始化。

【例3.3】 变量的初始化示例。

```
# include < stdio. h>
int main(void)
{
 int a = 3,b = 6;
```

```
    printf("a = %d,b = %d\n",a,b);
    return 0;
}
```

【例 3.4】 变量的初始化错例。

```
#include<stdio.h>
int main(void)
{
 int a = b = c = 6;
 printf("a = %d,b = %d,c = %d\n",a,b,c);
 return 0;
}
```

该程序运行时,将会出现变量 b、c 未定义的错误。因为在这种格式中,C 语言编译系统会认为变量 b、c 未经定义而直接引用。

正确的程序如下所示:

```
#include<stdio.h>
int main(void)
{
 int a = 6,b = 6,c = 6;
 printf("a = %d,b = %d,c = %d\n",a,b,c);
 return 0;
}
```

3.3 数据的格式输入与格式输出

除了赋值语句之外,程序中用得最多的就是数据的输入和输出了。C 语言中数据的输入与输出均是由库函数实现的。常用的输入与输出函数包括 printf 函数、scanf 函数、putchar 函数和 getchar 函数等。

在程序中调用输入与输出库函数时,应在程序的开头添加以下文件包含命令:

```
#include<stdio.h>
```

3.3.1 格式输出函数(printf 函数)

printf 函数用于按照指定的格式向标准输出设备(通常是显示器)输出数据。

1. printf 函数的一般形式

```
printf(格式控制字符串,输出项表)
```

其中的输出项表是若干个要输出的数据项(可以是常量、变量或表达式),而格式控制字符串则用于规定输出项的输出格式。

【例 3.5】 printf 函数示例。

```
#include<stdio.h>
```

```
int main(void)
{
 int a = 100;
 float x = 123.456;
 printf("a = % d,x = % f\n",a,x);
 return 0;
}
```

格式控制字符串中的字符包括以下两部分：

（1）格式说明，由"％"和格式说明字符组成，如%d、%f等，用于规定与之对应的数据项的输出格式。

如上例中的%d对应于变量a，%f对应于变量x。

（2）普通字符，是格式说明以外的字符，普通字符将原样输出。

如上例中的"a＝""，""x＝""，"\n"等都是普通字符。

故上例的运行结果为：

a = 100,x = 123.456001

2. 常用格式说明字符

1) d格式符

d格式符用于输出有符号十进制整数，包括以下几种用法。

① %d

%d按实际长度输出有符号十进制整数。

② %md

%md中的m为正整数，用于指定输出位数。

【例3.6】 指定整数的输出位数。

```
# include < stdio. h>
int main(void)
{
 int a = 123,b = 123456;
 printf(" % d, % d\n",a,b);
 printf(" % 4d, % 4d\n",a,b);
 return 0;
}
```

运行结果为：

123,123456
␣123,123456

可见，当实际位数超过指定位数时，将按实际位数输出，指定位数不起作用；从而避免造成有效数据的丢失。

③ %ld

%ld用于输出long int型数据。

【例 3.7】　输出长整型数据。

```
# include < stdio. h>
int main(void)
{
  long a = 1234567890;
  printf(" % ld\n",a);
  return 0;
}
```

④ %hd

%hd 用于输出 short int 型数据。

2) f 格式符

f 格式符用于以十进制小数形式输出实数,包括以下几种用法。

① %f

%f 的整数部分按实际长度输出,并固定输出 6 位小数。

② %m. nf

%m. nf 中的 m、n 均为正整数。m 用于指定输出实数的总位数,n 用于指定小数位数。

【例 3.8】　指定实数的输出位数和输出精度。

```
# include < stdio. h>
int main(void)
{
  float x = 123.456;
  printf(" % f\n",x);
  printf(" % .2f\n",x);
  printf(" % 9.2f\n",x);
  printf(" % 6.4f\n",x);
  return 0;
}
```

运行结果为:

```
123.456001
123.46
⊔⊔⊔123.46
123.4560
```

可见,当实际位数超过指定的总位数时,将按实际位数输出,指定的总位数不起作用。从而避免造成整数部分的有效数据丢失。

③ %lf

%lf 用于输出 double 型数据。

【例 3.9】　double 型数据的输出。

```
# include < stdio. h>
int main(void)
{
  double x = 123.456;
  printf(" % lf\n",x);
```

```
printf("%f\n",x);
return 0;
}
```

运行结果为:

```
123.456000
123.456000
```

可见,double 型数据既可以用%lf 格式符输出,也可以用%f 格式符输出。

更多的 printf 函数格式符请参考表 3.1,printf 函数中使用的附加格式说明符见表 3.2。

表 3.1　printf 函数中使用的格式说明符

输出类型	格式说明符	说　　　明
整型数据	%d(或%i)	以有符号十进制形式输出整型数
	%o	以无符号八进制形式输出整型数(不输出前导 0)
	%x(或%X)	以无符号十六进制形式输出整型数(不输出前导 0x)
	%u	以无符号十进制形式输出整型数
实型数据	%f	以小数形式输出单精度、双精度的实型数
	%e(或%E)	以指数形式输出单精度、双精度的实型数
字符型数据	%c	输出一个字符
	%s	输出一个字符串
其他	%%	输出字符%本身

表 3.2　printf 函数中使用的附加格式说明符

符　　　号	说　　　明
l	输出长整型数或双精度实型数
h	输出短整型数
m	指定数据输出的宽度(即域宽)
.n	对按%f 或%e 输出的实型数据,指定输出 n 位小数
+	使输出的数值数据无论正负都带符号输出
—	使数据在输出域内按左对齐方式输出

3. 字符串常量的输出

用 printf 函数输出字符串常量时,可以不使用格式控制字符,而直接输出字符串常量。

【例 3.10】　用 printf 函数输出字符串。

```
#include <stdio.h>
int main(void)
{
printf("How are you?\n");
printf("%s","How are you?\n");
return 0;
}
```

运行结果为:

How are you?

How are you?

可见,输出字符串常量时,不显示作为定界符的双引号。

【例 3.11】 已知一年期存款的本金和年利率,若到期后将本息自动转存,编程序求出存满 n 年的本息之和是多少。

编程思路:

这里实际上就是按复利计算利息,也就是将本期的利息自动转入到下一期的本金中。因此,可以直接利用复利公式 $f = p * (1 + r)^n$ 求解。

源程序:

```
# include < stdio. h>
# include < math. h>
int main(void)
{
 float p,r,f;
 int n;
 printf("请输入本金、利率和年数: \n");        /* 输出提示信息 */
 scanf("%f%f%d",&p,&r,&n);
 f = p * pow(1 + r,n);                       /* 存满 n 年的本息之和 */
 printf("本息之和 = %f\n",f);
 return 0;
}
```

3.3.2　格式输入函数(scanf 函数)

scanf 函数用于从标准输入设备(通常是键盘)输入数据,并存入到指定的变量中。

1. scanf 函数的一般形式

scanf(格式控制字符串,变量地址表)

例如:

scanf("%d%d",&a,&b);

其中的变量地址表是若干个用于存储数据的变量的地址。格式控制字符串用于规定变量的输入格式,其用法与 printf 函数中的格式控制字符串类似。

2. 常用格式说明字符

与 printf 函数中的格式说明类似,常用 scanf 函数格式符请参考表 3.3。

表 3.3　scanf 函数中使用的格式说明符

输入类型	格式说明符	说　　明
整型数据	%d	输入十进制整型数
	%u	输入无符号的十进制整型数
	%o	输入八进制整型数
	%x	输入十六进制整型数

续表

输入类型	格式说明符	说　　明
实型数据	%f	输入小数形式的单精度实型数
	%e	输入指数形式的单精度实型数
字符型数据	%c	输入单个字符
	%s	输入一个字符串

scanf 函数中使用的附加格式说明符如表 3.4 所示。

表 3.4　scanf 函数中使用的附加格式说明符

符　　号	说　　明
l	输入长整型数或双精度实型数
h	输入短整型数

使用 scanf 函数时,要注意以下几个问题。

(1) 格式控制字符串中的普通字符,必须原样输入。

【例 3.12】　不使用普通字符的 scanf 函数。

```
#include <stdio.h>
int main(void)
{
 int x,y;
 scanf("%d%d",&x, &y);
 printf("x = %d,y = %d\n",x,y);
 return 0;
}
```

程序运行时,应输入

3␣6

【例 3.13】　使用普通字符的 scanf 函数。

```
#include <stdio.h>
int main(void)
{
 int x,y;
 scanf("%d,%d",&x, &y);
 printf("x = %d,y = %d\n",x,y);
 return 0;
}
```

程序运行时,应输入

3,6

【例 3.14】　使用普通字符的 scanf 函数。

```
#include <stdio.h>
```

```
int main(void)
{
 int x,y;
 scanf("x = % d,y = % d",&x, &y);
 printf("x = % d,y = % d\n",x,y);
 return 0;
}
```

程序运行时,应输入

x = 3, y = 6

尤其要注意,在 scanf 函数的格式控制字符串中,不应出现"\n"。

【例 3.15】　scanf 函数错例。

```
# include < stdio. h >
int main(void)
{
 int x,y;
 scanf(" % d % d\n",&x, &y);
 printf("x = % d,y = % d\n",x,y);
 return 0;
}
```

其中的"scanf ("％d％d\n",＆x,＆y);"语句虽然算不上有语法错误,但是该语句运行时不能正常退出。

【例 3.16】　已知一元二次方程 $ax^2 + bx + c = 0$ 的系数 a、b、c 的值,设 $b^2 - 4ac \geqslant 0$ 且 $a \neq 0$,编程序求该方程的根。

编程思路:

不能通过直接将方程式写在程序中来求解方程。可以利用一元二次方程的求根公式,分别求解该方程的两个根。

源程序:

```
# include < stdio. h >
# include < math. h >
int main(void)
{
 float a,b,c,p,q,x1,x2;
 printf("请输入三个系数的值: \n");
 scanf(" % f % f % f",&a,&b,&c);
 p = - b/(2 * a);                    / * 尽量避免重复性计算 * /
 q = sqrt(b * b - 4 * a * c)/(2 * a);  / * 不要丢失乘号和括号 * /
 x1 = p + q;
 x2 = p - q;
 printf("x1 = % f,x2 = % f\n",x1,x2);
 return 0;
}
```

3.4 拓展：赋值运算中的类型转换

在 C 语言中，若两种类型的数据之间可以直接相互赋值，则称之为赋值兼容。例如，整型、实型及字符型之间是赋值兼容的。当赋值运算符两侧的数据类型不一致时，将会依据左侧变量的类型，自动地对右侧表达式的值进行类型转换。

以下是三种最常用的赋值转换。

3.4.1 实型数据赋给整型（或字符型）变量

当实型数据赋给整型（或字符型）变量时，将会对实型数据进行截断取整。

【例 3.17】 实型数据赋给整型变量。

```
#include <stdio.h>
int main(void)
{
  int a;
  a = 3.5678;
  printf("a = %d\n",a);
  return 0;
}
```

程序运行结果：

```
a = 3
```

3.4.2 整型（或字符型）数据赋给实型变量

当整型（或字符型）数据赋给实型变量时，将会把整型（或字符型）数据转换为实数格式并存入到实型变量中。

【例 3.18】 整型数据赋给实型变量。

```
#include <stdio.h>
int main(void)
{
  float x;
  x = 99;
  printf("x = %f\n",x);
  return 0;
}
```

程序运行结果：

```
x = 99.000000
```

3.4.3 整型数据赋给类型不同的等长整型变量

当整型数据赋给类型不同但内存位数相同的整型变量时，将会按该数据的内部形式原样传送。

【例 3.19】 整型数据赋给不同类型的等长整型变量。

```
# include < stdio. h>
int main(void)
{
 unsigned short a;
 short int b;
 b = - 1;
 a = b;
 printf("a = % hu\n",a);                    /* % hu 用于输出无符号短整型数据 */
 return 0;
}
```

程序运行结果：

```
a = 65535
```

为什么会是这个结果呢？这是因为变量 b 为有符号短整数，故其内部形式为 1111 1111 1111 1111。将变量 b 的值赋给变量 a 之后，变量 a 的内部形式也是 1111 1111 1111 1111。但因为变量 a 为无符号短整数，故其十进制真值为 65 535。

3.5 项目式案例

【例 3.20】 已知地球的赤道半径为 6377.830km，并已知位于东半球赤道上两点的经度值（单位为(°)），编程序计算这两点之间的球面距离。

编程思路：

在赤道上两点之间的球面距离，就是这两点之间劣弧的长度。根据弧长公式，首先求出两点之间圆心角的大小（单位为 rad），然后乘上赤道半径即可。

源程序：

```
# include < stdio. h>
# define PI 3.14159
int main(void)
{
 float r,a,b,t,arc;
 r = 6377.830;
 printf("请输入东半球两点的经度值(单位为度): \n");
 scanf(" % f",&a);
 scanf(" % f",&b);
 t = a - b;
 t = t/180 * PI;                          /* 单位转换 */
 arc = t * r;
 printf("两点之间的球面距离 = % f 千米\n",arc);
 return 0;
}
```

在上面的程序中，若第一个经度值小于第二个经度值，则经度差为负值，从而导致最终的球面距离为负值。不过,可以利用绝对值函数解决这个问题。

改进版源程序:

```c
#include <stdio.h>
#include <math.h>
#define PI 3.14159
int main(void)
{
 float r,a,b,t,arc;
 r = 6377.830;
 printf("请输入东半球两点的经度值(单位为度): \n");
 scanf("%f%f",&a,&b);
 t = fabs(a-b);
 t = t/180 * PI;                          /*单位转换*/
 arc = t * r;
 printf("两点之间的球面距离 = %f 千米\n",arc);
 return 0;
}
```

第4章

选择结构程序设计

选择结构(分支结构)程序,是指可以根据不同的条件有选择地(即有条件地)执行程序中的语句。要实现这种选择结构有两个前提:一是能够在程序中表示条件,二是有实现选择的语句。

在 C 语言中通常使用关系表达式或逻辑表达式来表示条件,使用 if 语句或 switch 语句来实现分支选择。

4.1 关系表达式与逻辑表达式

4.1.1 关系运算符

关系运算可以看作是对两个数据之间大小关系的一种命题。可见,关系运算的结果是一个逻辑值。若命题成立,则关系运算的结果为"真",否则为"假"。例如,5<=5 的结果为"真",而 5>5 的结果为"假"。

在 C 语言中有 6 种关系运算符,如表 4.1 所示,需要注意有的关系运算符与数学中的写法不同。

表 4.1 关系运算符及其含义

关系运算符	含　义
<	小于
<=	小于或等于
>	大于
>=	大于或等于
==	等于
!=	不等于

关系运算符的优先级顺序可以查看本书附录 C。

4.1.2 关系表达式

用关系运算符将运算量连接起来构成的表达式,称为关系表达式。

例如:

a>=b

a%2!=0

关系表达式的运算结果是一个逻辑值,即"真"(true)或者"假"(false)。不过,C语言中没有逻辑型数据,故借用整数1代表"真",借用0代表"假"。

例如,若有 int a=3,b=2,c=1;,则有

a>b 的结果为1;

(a=3)>(b=4)的结果为0;

a%2!=0 的结果为1;

c==c<a 的结果为1;

a>b>c 的结果为0(先求得 a>b 的值,再与 c 进行关系运算)。

4.1.3 逻辑运算符

关系表达式通常只能表示单一的条件,若要表示复合的条件,则需要使用逻辑表达式。在 C 语言中,用于构成逻辑表达式的逻辑运算符共有三种,如表 4.2 所示。

表 4.2 逻辑运算符及其含义

逻辑运算符	含 义
&&	逻辑与
||	逻辑或
!	逻辑非

三种逻辑运算符的功能可以用逻辑运算的真值表表示,如表 4.3 所示。显然,逻辑运算的结果仍然是一个逻辑值。

表 4.3 逻辑运算的真值表

a	b	a&&b	a||b	!a
真	真	真	真	假
真	假	假	真	假
假	真	假	真	真
假	假	假	假	真

在三种逻辑运算符中,逻辑非的优先级最高,逻辑与次之,逻辑或最低。有关逻辑运算符优先级的详细情况可以查看本书附录 C。

例如:

a>b||c>d&&x>y 等价于 (a>b)||((c>d)&&(x>y))

!a||a>b 等价于 (!a)||(a>b)

4.1.4 逻辑表达式

由逻辑运算符将运算量连接起来构成的表达式称为逻辑表达式。

例如,在当今的格里高利历法中,置闰规则是 400 年 97 闰;满足以下两个条件之一的年份即为闰年:

（1）能被 4 整除但不能被 100 整除的年份；

（2）能被 400 整除的年份。

上述两个条件可用一个逻辑表达式来表示：

（year％4＝＝0）&&（year％100!=0）||（year％400＝＝0）

其中 year 为年份。

需要注意，在 C 语言中，"x 的值介于 1 到 10 之间"不能用关系表达式"1<=x<=10"表示。实际上，此处的"x 的值介于 1 到 10 之间"是两个条件，故应使用逻辑表达式"x>=1&&x<=10"来表示。

4.2　算法与流程图

算法是指解题方案的准确而完整的描述，是一系列解决问题的清晰指令。算法代表着用系统的方法描述解决问题的策略机制。

4.2.1　简单算法举例

【例 4.1】 已知两个整型变量 a 和 b 的值，求出其中的较大数并输出。

问题分析：

这是一个数值计算问题。可以通过比较变量 a 和 b 的大小，求得最大值。

算法设计如下：

S1：输入变量 a 和 b 的值；

S2：如果 a≥b，则 a⇒max；

S3：否则 b⇒max；

S4：输出 max 的值。

4.2.2　算法的表示

描述算法的工具有许多种，常用的有自然语言、伪代码、流程图、N-S 图与 PAD 图等。

1. 用自然语言表示算法

自然语言就是人们日常使用的语言，可以是汉语、英语等。例 4.1 中的算法就是用自然语言表示的。用自然语言表示的算法通俗易懂，但容易出现歧义。因此，一般很少使用自然语言描述算法。

2. 用流程图表示算法

流程图是对算法的一种图形化表示，用一系列规定的图形、流程线及文字说明来表示算法中的基本操作和控制流程。其优点是直观形象、简洁易懂。表 4.4 中列出了常用标准流程图的符号。

表 4.4 标准流程图的符号

符号名称	符 号	功 能
起止框		表示算法的开始和结束
输入输出框		表示算法的输入输出操作,框内填写需输入或输出的项
处理框		表示算法中的各种处理操作,框内填写处理说明或算式
判断框		表示算法中的条件判断操作,框内填写判断条件
流程线		表示算法的执行方向
连接点		表示流程图的延续

【例 4.2】 将例 4.1 中的算法改用流程图表示。

用流程图表示的算法如图 4.1 所示。

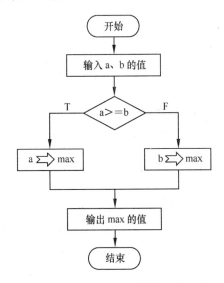

图 4.1 求两个数中较大数的流程图

3. 用 N-S 图表示算法

在使用流程图的过程中,人们发现流程线并不是必需的,有时候甚至是有害的。为此,人们设计了一种新的流程图,将整个算法写在一个大的方框内,而这个大的方框又由若干个小的基本方框构成。这种流程图称为 N-S 图,也称为盒图。

【例 4.3】 将例 4.1 的算法改用 N-S 图表示。

用 N-S 图表示的算法如图 4.2 所示。

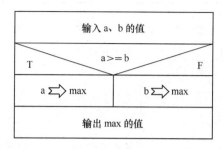

图 4.2　求两个数中较大数的 N-S 图

4.3　if 语句

if 语句是专门用于实现选择结构的语句。它能根据条件的真假选择执行两种处理中的一种。

4.3.1　if 语句的两种基本形式

1. 标准 if-else 语句

一般形式：

```
if(表达式)
    单条语句1;
else
    单条语句2;
```

其中,语句 1 称为 if 子句,语句 2 称为 else 子句。

该语句的功能是：若表达式的值为非 0,则执行语句 1；否则,执行语句 2。其执行流程如图 4.3 所示。

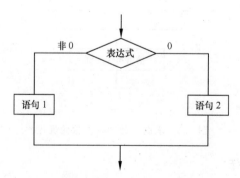

图 4.3　标准 if-else 语句执行流程图

例如：

```
if(a>=b)
```

```
    max = a;
else
    max = b;
```

if 之后的表达式一般为关系表达式或逻辑表达式。

【例 4.4】 编程序实现：输入一个年份,判断是否是闰年。

编程思路：

根据前述闰年的条件可以画出算法流程图,如图 4.4 所示。

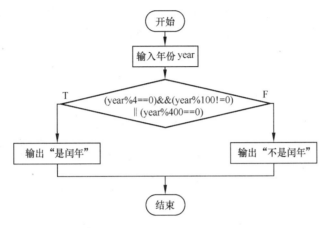

图 4.4 判断闰年的流程图

源程序：

```
# include < stdio. h >
int main(void)
{
    int year;
    printf("请输入一个年份: ");
    scanf(" % d",&year);
    if((year % 4 == 0)&&(year % 100!= 0)||(year % 400 == 0))
        printf(" % d 是闰年\n",year);
    else
        printf(" % d 不是闰年\n",year);
    return 0;
}
```

2. 不带 else 的 if 语句

一般形式：

```
if(表达式)
    单条语句;
```

该语句的功能是：若表达式的值为非 0,则执行其后的语句,然后执行 if 语句的后继语句；否则,直接执行 if 语句的后继语句。其执行流程如图 4.5 所示。

【例 4.5】 分析运行如下程序。

```
# include < stdio. h >
```

```
int main(void)
{
 int a;
 scanf("%d",&a);
 if(a>0);
 printf("good!\n");
 return 0;
}
```

该程序运行时,不管给变量 a 输入什么值,输出结果总是 good!。原因何在呢? 仔细检查可以发现,在 if 条件之后多写了一个分号,导致此时的 if 子句是空语句,进而导致其后的 printf 语句总会被执行。

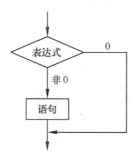

图 4.5　不带 else 的 if 语句执行流程图

【例 4.6】　从键盘输入三个整数,求出其中的最大数。

编程思路:

首先,求出前两个数中的较大数,并存入变量 max 中。然后,用第三个数与 max 比较,从而求得三个数中的最大数。

源程序:

```
#include <stdio.h>
int main(void)
{
    int a,b,c,max;
    printf("请输入三个整数: ");
    scanf("%d%d%d",&a,&b,&c);
    if(a>b)
      max=a;
    else
      max=b;
    if(c>max)
      max=c;
    printf("最大数=%d\n",max);
    return 0;
}
```

说明:

(1) if 之后的表达式除了可以是关系表达式或逻辑表达式之外,还可以是任意的结果类型为整型、实型、字符型、枚举型或指针型的表达式。而且,只要表达式的值为非 0,就看作"真"；只要表达式的值为 0，就看作"假"。

例如，if(x)等价于 if(x!＝0)，而 if(！x)等价于 if(x＝＝0)。

（2）在判断相等时，要使用等于运算符"＝＝"，而不要误用赋值运算符"＝"。

例如，不管变量 a 取何值，if(a＝1)中的条件始终为真；而 if(a＝0)中的条件始终为假。

（3）if 子句和 else 子句只能是语法意义上的单条语句。若需要多条语句，则应使用大括号将这些语句括起来，从而构成一条复合语句。

例如：

```
if(a > b)
{
 t = a;
 a = b;
 b = t;
}
```

此处的三条语句作为一个整体，或者都执行，或者都不执行。

4.3.2 if 语句的嵌套

如果在一个 if 语句中，又包含了另外的 if 语句，则称之为嵌套的 if 语句。嵌套 if 语句通常用于处理多分支选择程序。

其一般形式如下：

```
if(表达式 1)
    if(表达式 2)  语句 1  ⎫
    else         语句 2  ⎬  内嵌 if 语句
else                     ⎭
    if(表达式 3)  语句 3  ⎫
    else         语句 4  ⎬  内嵌 if 语句
                         ⎭
```

此处的内嵌 if 语句为什么没有用大括号括起来呢？这是因为内嵌 if 语句本身就是一个整体，因此可以不用大括号括起来。

在嵌套的 if 语句中，要特别注意 else 与 if 的配对关系。else 总是与它前面最近的同层次且尚未配对的 if 配对，而与缩进格式无关。

例如：

```
if(表达式 1)
   if(表达式 2)语句 1
else
语句 2
```

这种写法并不能使得 else 与第一个 if 配对，而是仍与第二个 if 配对。不过，可以使用大括号来改变 else 与 if 之间的配对关系。

例如：

```
if(表达式 1)
   {if(表达式 2)语句 1}
```

else 语句 2

使用这种写法即可明确表示 else 与第一个 if 配对。

【例 4.7】 编写程序实现：从键盘输入年份和月份，求出该月份的天数并输出。

编程思路：

除了二月份之外，每个月的天数是固定不变的；而二月份的天数则会受到闰年或平年的影响。因此，可以首先判断月份，并确定二月份以外月份的天数；若是二月份，再判断年份是否是闰年，并确定天数。

源程序：

```c
# include < stdio. h>
int main(void)
{
 int y,m,days;
 printf("请输入年份和月份: ");
 scanf("% d % d",&y,&m);
 if((m==1)||(m==3)||(m==5)||(m==7)||(m==8)||(m==10)||(m==12))
    days = 31;
 else if((m==4)||(m==6)||(m==9)||(m==11))
    days = 30;
 else if((y%4==0)&&(y%100!=0)||(y%400==0))  /* 若是二月份,则需要区分闰年与平年 */
    days = 29;
 else
    days = 28;
 printf("该月份的天数 = % d\n",days);
 return 0;
}
```

需要注意，此程序中的条件(m==1)||(m==3)||(m==5)||(m==7)||(m==8)||(m==10)||(m==12)不能表示为 m==1||3||5||7||8||10||12。想一想，为什么？

4.3.3　嵌套 if 结构与平行 if 结构的区别

在嵌套 if 结构中，if 语句之间存在包含关系，有内外层之分。内嵌的 if 语句是否执行，要由外层 if 语句中的条件来决定。

例如：

```c
if(x<0)
  y= -1;
else
  if(x==0)
    y=0;
  else
    y=1;
```

显然，此处只有当外层 if 语句中的条件为假时，才会执行内嵌的 if 语句。

而在平行 if 结构中，其中的 if 语句相互并列、互不包含。不管前边 if 语句中的条件是真是假，后面的 if 语句都要执行。

例如：

```
if(x < 0)
  y = -1;
if(x == 0)
  y = 0;
if(x > 0)
  y = 1;
```

由此可见,如果不期望后边 if 语句的执行受前边 if 语句中判断的影响,则应该构成平行 if 结构,否则应该构成嵌套 if 结构。

下面程序中的 if 结构是错误的。你能分析其中的原因吗?

```
#include <stdio.h>
int main(void)
{
  int x,y;
  scanf("%d",&x);
  if(x < 0)
    y = -1;
  if(x == 0)
    y = 0;
  else
    y = 1;
  printf("y = %d\n",y);
  return 0;
}
```

4.4　混合运算与强制类型转换

4.4.1　混合运算

在 C 语言中,整型、实型、字符型数据之间可以进行混合运算。此时,将字符型数据的 ASCII 码作为一个整数使用。例如,$4.0/3+'a'$。

两个不同类型的数据进行混合运算时,首先要将其中取值范围较小的类型转换为取值范围较大的类型,然后再进行运算。而两个字符型的数据进行运算时,首先要转换为 int 型,然后再进行运算。这种类型转换是由系统自动进行的,故称为自动类型转换。

例如:

```
4.0/3 = 1.333333
'a' + 'c' = 196
```

4.4.2　强制类型转换

除了自动类型转换之外,C 语言还允许通过类型转换运算符来实现强制类型转换。
其一般形式为:

(类型说明符)(表达式)

其功能是把表达式的运算结果强制转换为类型说明符所表示的类型。其中的(类型说明符),称为强制类型转换运算符。

例如:

```
(int)(x + y)
(int)x + y
```

【例4.8】 强制类型转换示例。

```
# include < stdio. h >
int main(void)
{
 float f = 5.75;
 int i;
 i = (int)f;
 printf("i = % d,f = % f\n",i,f);
 return 0;
}
```

运行结果为:

```
i = 5,f = 5.750000
```

强制类型转换之后的值不会自动存回到原变量中,因此变量原有的类型和值均不受影响。

4.5 switch 语句

除了可以用 if 语句实现多分支选择结构之外,C 语言还提供了专门用于实现多分支选择结构的 switch 语句。不过由于 switch 语句的功能相对较弱,有些多分支选择结构仍需要用 if 语句来实现。

switch 语句的一般形式如下:

```
switch(表达式 0)
{
 case 常量表达式 1: 语句序列 1
 case 常量表达式 2: 语句序列 2
 …
 case 常量表达式 n: 语句序列 n
 default: 语句序列 n + 1
}
```

其中,表达式 0 只能是整型、字符型或枚举型的表达式。

switch 语句的功能:

(1) 首先求出表达式 0 的值,然后依次与每个 case 之后的常量表达式的值相比较。

(2) 若二者相等,则执行相应 case 之后的语句序列,直至 switch 语句体结束或者遇到 break 语句跳出 switch 语句体为止。

（3）如果没有与之相等的常量表达式，并有 default 标号，则执行 default 标号之后的语句序列，直至 switch 语句体结束或者遇到 break 语句跳出 switch 语句体为止；若无 default 标号，则直接跳出 switch 语句体。

【例 4.9】 switch 语句示例。

```
# include < stdio. h>
int main(void)
{
 int a;
 scanf(" % d",&a);
 switch(a)
 {case 0:printf("zero\n");
  case 1:printf("one\n");break;
  case 2:printf("two\n");break;
  case 3:printf("three\n");break;
  default:printf("other\n");
 }
 return 0;
}
```

该程序运行时，若输入 0，则运行结果为：

```
zero
one
```

分析其中的原因。

【例 4.10】 用 switch 语句编写程序实现：从键盘输入年份和月份，求出该月份的天数并输出。

编程思路：

首先用 switch 语句判断月份，并确定二月份以外月份的天数；若是二月份，再判断年份是否是闰年，并确定天数。

源程序：

```
# include < stdio. h>
int main(void)
{
 int y,m,days;
 printf("请输入年份和月份: ");
 scanf(" % d % d",&y,&m);
 switch(m)
 {
  case 1:
  case 3:
  case 5:
  case 7:
  case 8:
  case 10:
  case 12:days = 31;break;
  case 4:
```

```
    case 6:
    case 9:
    case 11: days = 30;break;
    case 2:if ((y % 4 == 0)&&(y % 100!= 0)||(y % 400 == 0))
            days = 29;
        else
            days = 28;
  }
  printf("该月份的天数 = % d\n",days);
  return 0;
}
```

在该程序的 switch 语句中,通过多个 case 标号共用同一组语句,使程序得以精简。

【例 4.11】　输入一个百分制整数分数,求出对应的等级。二者的对应关系如表 4.5 所示。

表 4.5　分数与等级的对应关系

分数	[90,100]	[80,90)	[70,80)	[60,70)	[0,60)
等级	A	B	C	D	E

编程思路:

这是一个多分支处理问题,显然应该根据整数分数 score 进行分支选择。但由于在 switch 语句中不能使用 case score >= 90 这种形式,同时也不可能让每个分数对应于一个 case 分支;因此,可以借助表达式 score/10 将 101 个整数分数转化为 11 个整数(0~10),然后让每个整数对应于一个 case 分支。

源程序:

```
# include < stdio. h>
int main(void)
{
 int score;
 char g;
 printf("请输入一个百分制整数分数: ");
 scanf(" % d",&score);
 switch(score/10)
 {
 case 10:
 case 9 : g = 'A';break;
 case 8 : g = 'B';break;
 case 7 : g = 'C';break;
 case 6 : g = 'D';break;
 case 5 :
 case 4 :
 case 3 :
 case 2 :
 case 1 :
 case 0 : g = 'E';break;
 }
 printf("等级 = % c\n",g);
```

```
  return 0;
}
```

上述程序中的百分制分数仅限于整数,而现实中的分数还可以是实数。在这种情况下,将不能直接利用表达式 score/10 来实现从分数区间向某一整数的转换。不过,我们可以借助于强制类型转换,先将实数强制转换为整数,然后再利用 switch 语句进行分支选择即可。

相应的源程序如下:

```
# include < stdio. h >
int main(void)
{
 float score;
 char g;
 printf("请输入一个百分制分数(允许是实数): ");
 scanf(" % f",&score);
 switch((int)score/10)
 {
  case 10:
  case 9 : g = 'A';break;
  case 8 : g = 'B';break;
  case 7 : g = 'C';break;
  case 6 : g = 'D';break;
  case 5 :
  case 4 :
  case 3 :
  case 2 :
  case 1 :
  case 0 : g = 'E';break;
 }
 printf("等级 = % c\n",g);
 return 0;
}
```

4.6 拓展:逻辑运算量、条件表达式与 goto 语句

4.6.1 逻辑运算量的扩展

按常理来说,参与逻辑运算的量应该是逻辑量,包括逻辑常量、逻辑变量以及运算结果是逻辑值的表达式(如关系表达式)等。不过,C 语言为了提高编程的灵活性,大大地扩展了逻辑运算量的范畴,允许任意整型、实型、字符型、枚举型和指针型的数据参与逻辑运算。同时规定,只要逻辑运算量的值为非 0,就看作"真";只要逻辑运算量的值为 0,就看作"假"。

【例 4.12】 逻辑运算量的扩展示例。

```
# include < stdio. h >
int main(void)
{
 int a = 4;
 float b = 5.0;
```

```
printf("%d\n",!a);
printf("%d\n",'a'+'b'||'c');
printf("%d\n",a&&'0');                /* '0'为非0 */
printf("%d\n",b&&'\0');               /* '\0'为0 */
return 0;
}
```

程序运行结果为：

```
0
1
1
0
```

说明：

(1) 逻辑表达式的运算结果只能是逻辑值(0或1)，而参加逻辑运算的量则可以是多种类型的数据或表达式。

(2) 在对某些逻辑表达式求解时，若不必完成所有的运算即可确定表达式的值，则剩余的运算将不被执行。这种处理方式称为逻辑运算的"短路"。

【例 4.13】 逻辑运算的短路示例。

```
#include<stdio.h>
int main(void)
{
 int a=1,b=2,c=3,d=4,p=1,q=0;
 (p=a>b)&&(q=c<d);
 printf("p=%d,q=%d\n",p,q);
 return 0;
}
```

程序运行结果为：

```
p=0,q=0
```

这是因为当执行了 p＝a＞b 之后，整个表达式的值即可确定为 0，故无须再执行 q＝c＜d。

4.6.2　条件表达式

在 C 语言中，使用条件运算符(?:)也能实现简单的选择结构。条件运算符有三个运算量，是 C 语言中唯一的一个三目运算符。

用条件运算符构成的条件表达式的一般形式为：

表达式 1?表达式 2:表达式 3

条件表达式的求值过程如图 4.6 所示。

例如：

```
int a=5,b=3;
max=a>b?a:b;
```

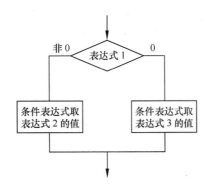

图 4.6　条件表达式的求值过程

从功能上来说,条件表达式与 if-else 语句是等价的。
例如:

```
(a > b)? (max = a): (max = b);
```

等价于

```
if(a > b)
    max = a;
else
    max = b;
```

条件运算符具有右结合性。
例如:

```
a > b?a:c > d?c:d
```

等价于

```
a > b?a:(c > d?c:d)
```

4.6.3　语句标号与 goto 语句

1. 语句标号

语句标号就是写在语句之前的标识符,二者之间以冒号分隔。
其格式为:

```
标号:语句
```

例如,下面这条语句中的 L1 就是语句标号。

```
L1: printf("Good bye!\n");
```

2. goto 语句

goto 语句用于在程序中实现无条件转移。
其格式为:

```
goto 语句标号;
```

goto 语句的功能是无条件地跳转到标号之后的语句去执行。

例如：

```
goto L1;
…
L1: printf("Good bye!\n");
```

在程序中使用 goto 语句，会影响程序的结构性和可读性，因此应当尽量地少用 goto 语句。

4.7 项目式案例

【例 4.14】 已知地球的赤道半径为 6377.830km，并已知赤道上任意两点的经度值（单位为(°)），编程序计算这两点之间的球面距离。

编程思路：

赤道上的任意一点，既可以位于东半球，也可以位于西半球。那么，如何区分东经、西经呢？可以规定正数代表东经、负数代表西经。

这两点既可以位于同一半球，也可以位于不同的半球。当两点之间的经度差超过 180°时，根据经度差求出来的是优弧的长度。而球面距离应该是两点之间劣弧的长度，因此应该先求出这两点之间劣角的大小。

源程序：

```c
#include <stdio.h>
#include <math.h>
#define PI 3.14159
int main(void)
{
 float r,a,b,t,arc;
 r = 6377.830;
 printf("请输入两个经度的值: \n");
 scanf("%f%f",&a,&b);
 t = fabs(a-b);
 if(t>180)
   t = 360-t;                      /*将优角转化为劣角*/
 t = t/180*PI;
 arc = t*r;
 printf("两点之间的球面距离 = %f km\n",arc);
 return 0;
}
```

【例 4.15】 已知地球的平均半径为 6371.393km，并已知位于同一纬度上两点的纬度、经度值，编程序计算这两点之间的球面距离。

编程思路：

(1) 某纬度线上 A、B 两点之间的球面距离，是否就是该纬度切圆上两点之间圆心角 $AO'B$ 所对的劣弧长度呢？不是。球面距离是指球面上两点之间的最短弧长，也就是两点

之间球心角 AOB 所对的劣弧长度,如图 4.7 所示。

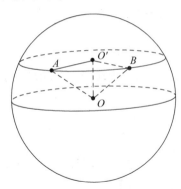

图 4.7 纬度线上两点之间的球面距离

(2) 欲求球面距离,须先求得球心角大小;而球心角可以由两点之间的弦长通过反三角函数求得;弦长则可以根据纬度切圆的半径与圆心角求得。

算法设计:

(1) 输入一个纬度值以及两个经度值;

(2) 求出纬度切圆的半径;

(3) 求出两点之间的半弦长;

(4) 求出两点之间的球心角大小;

(5) 求出两点之间的球面距离。

源程序:

```c
#include <stdio.h>
#include <math.h>
#define PI 3.14159265359
#define R 6371.393
int main(void)
{
 double w,a,b,t;
 double r,dis;
 double o,arc;
 printf("请输入一个纬度值、两个经度值: ");
 scanf("%lf%lf%lf",&w,&a,&b);
 w = w/180 * PI;                    /* 单位转换 */
 r = R * cos(w);                    /* 纬度切圆半径 */
 t = fabs(a - b);                   /* 经度差绝对值 */
 if(t > 180)
    t = 360 - t;                    /* 优角化劣角 */
 t = t/180 * PI;                    /* 单位转换 */
 dis = r * sin(t/2);                /* 两点间弦长的一半 */
 o = asin(dis/R) * 2;               /* 两点间球心角 */
 arc = o * R;                       /* 两点间球面距离 */
 printf("两点之间的球面距离 = %lf\n",arc);
 return 0;
}
```

【例 4.16】　已知地球的平均半径为 6371.393km,并已知地球上任意两点的纬度、经度值,编程序计算这两点之间的球面距离。

编程思路(方法一):

(1) 设 A、D 是地球上的任意两点,B 是与 A 点同纬度且与 D 点同经度的点,C 是与 D 点同纬度且与 A 点同经度的点。那么,AB、CD、AC、BD 4 条线段将会构成一个等腰梯形,如图 4.8 所示。

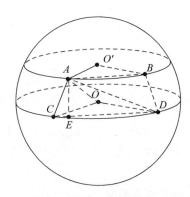

图 4.8　任意两点之间的球面距离

(2) 欲求 A、D 两点之间的球面距离,须先求得球心角大小;而球心角可以由线段 AD 的长度通过反三角函数求得;AD 的长度则可以根据等腰梯形四条边的长度求得。

算法设计:

(1) 输入两点的纬度及经度值;

(2) 分别求出两个纬度切圆的半径;

(3) 分别求出两个纬度切圆上的弦长;

(4) 求出两个经度切圆上的弦长(两个弦长相等);

(5) 求出两点之间的弦长;

(6) 求出两点之间的球心角大小;

(7) 求出两点之间的球面距离。

源程序:

```c
# include < stdio. h >
# include < math. h >
# define PI 3.1415926535898
# define R 6371.393
int main(void)
{
 double w1,w2,w0,j1,j2,j0;
 double r1,r2;
 double ab,cd,ac,ad,ae,ce,ed,aod,arc;
 printf("请输入第一个点的纬度、经度: ");
 scanf(" % lf % lf",&w1,&j1);
 printf("请输入第二个点的纬度、经度: ");
 scanf(" % lf % lf",&w2,&j2);
 w1 = w1/180 * PI;                    / * 单位转换 * /
```

```
r1 = R * cos(w1);                                    /* 第一个纬度切圆半径 */
w2 = w2/180 * PI;                                    /* 单位转换 */
r2 = R * cos(w2);                                    /* 第二个纬度切圆半径 */
j0 = fabs(j1 - j2);                                  /* 经度差绝对值 */
if(j0 > 180)
j0 = 360 - j0;                                       /* 优角化劣角 */
j0 = j0/180 * PI;                                    /* 单位转换 */
ab = 2 * r1 * sin(j0/2);                             /* 第一个纬度切圆上的弦长 */
cd = 2 * r2 * sin(j0/2);                             /* 第二个纬度切圆上的弦长 */
w0 = fabs(w1 - w2);                                  /* 纬度差绝对值 */
ac = 2 * R * sin(w0/2);                              /* 经度切圆上的弦长 */
ce = (cd - ab)/2;
ed = cd - ce;
ae = sqrt(ac * ac - ce * ce);
ad = sqrt(ae * ae + ed * ed);                        /* 两点间弦长 */
aod = 2 * asin(ad/2/R);                              /* 两点间球心角 */
arc = aod * R;                                       /* 两点间球面距离 */
printf("两点之间的球面距离 = % lf\n",arc);
return 0;
}
```

编程思路(方法二):

(1) 以地球的球心为原点,以地轴为 z 轴(北正南负),以赤道上从东经 $180°$ 到东经 $0°$ 的连线为 x 轴、从西经 $90°$ 到东经 $90°$ 的连线为 y 轴,建立空间直角坐标系。

(2) 根据球面上两点的经纬度及地球半径,分别求得其空间直角坐标值,如图 4.9 所示。

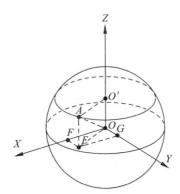

图 4.9 球面上点 A 的空间直角坐标

(3) 求得两点之间的弦长,进而求得两点之间的球心角大小,最后求得两点之间的球面距离。

源程序:

```
# include < stdio.h >
# include < math.h >
# define PI 3.1415926535898
# define R 6371.393
int main(void)
```

```
{
    double w1,w2,j1,j2;
    double r1,r2;
    double x1,y1,z1,x2,y2,z2;
    double ad,aod,arc;
    printf("请输入第一个点的纬度、经度：");
    scanf("%lf%lf",&w1,&j1);
    printf("请输入第二个点的纬度、经度：");
    scanf("%lf%lf",&w2,&j2);

    w1 = w1/180 * PI;                              /* 单位转换 */
    j1 = j1/180 * PI;                              /* 单位转换 */
    z1 = R * sin(w1);                              /* 第一个点在 z 轴的坐标值 */
    r1 = R * cos(w1);                              /* 第一个点在赤道平面上投影的长度 */
    x1 = r1 * cos(j1);                             /* 第一个点在 x 轴的坐标值 */
    y1 = r1 * sin(j1);                             /* 第一个点在 y 轴的坐标值 */

    w2 = w2/180 * PI;                              /* 单位转换 */
    j2 = j2/180 * PI;                              /* 单位转换 */
    z2 = R * sin(w2);                              /* 第二个点在 z 轴的坐标值 */
    r2 = R * cos(w2);                              /* 第二个点在赤道平面上投影的长度 */
    x2 = r2 * cos(j2);                             /* 第二个点在 x 轴的坐标值 */
    y2 = r2 * sin(j2);                             /* 第二个点在 y 轴的坐标值 */

    ad = sqrt(pow(x1 - x2,2) + pow(y1 - y2,2) + pow(z1 - z2,2));    /* 两点间弦长 */
    aod = 2 * asin(ad/2/R);                        /* 两点间球心角 */
    arc = aod * R;                                 /* 两点间球面距离 */
    printf("两点之间的球面距离 = %lf\n",arc);
    return 0;
}
```

第5章

循环结构程序设计

循环,是指在满足一定条件时反复执行某个程序段的过程。例如,要计算某班 40 名学生五门课程的总分和平均分,就需要使用循环结构程序来实现。可以利用 if 语句结合 goto 语句来实现循环结构。

【例 5.1】 用 if 语句和 goto 语句实现的循环。

源程序:

```
# include < stdio. h>
int main(void)
{int i = 1;
L1:if( i < = 5)
 {printf(" % d,",i);
  i = i + 1;
  goto L1;
 }
 return 0;
 }
```

程序运行结果为:

```
1,2,3,4,5,
```

尽管利用 if 语句结合 goto 语句可以实现循环结构,但是由于这种循环程序的结构性不好,因此在编程实践中,几乎不会采用这种方式编写循环程序。

在 C 语言中,提供了三种专门的循环语句来实现循环结构,即 while 语句、do-while 语句和 for 语句。

5.1 while 循环

用 while 语句构成的循环,称为 while 循环。

5.1.1 while 语句

while 语句的一般形式为:

```
while(表达式)
    单条语句
```

其中,while 之后的表达式称为循环的条件,通常为关系表达式或逻辑表达式,也可以是任意的结果类型为整型、实型、字符型、枚举型和指针型的表达式。而且,只要表达式的值为非 0,就看作"真";只要表达式的值为 0,就看作"假"。其后的"单条语句"就是要反复执行的部分,称为循环体。

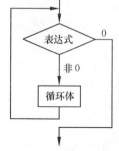

while 语句的执行流程如图 5.1 所示。首先判断表达式的值是"真"是"假",若表达式的值为"真"(非 0),则执行一次循环体,并自动返回;若表达式的值为"假"(0),则结束循环,转而执行循环体之后的语句。

图 5.1　while 语句的执行流程

【例 5.2】　while 循环示例。

源程序:

```c
#include <stdio.h>
int main(void)
{
 int i = 1;
 while(i <= 5)
 {
  printf("%d,",i);
  i = i + 1;
 }
 return 0;
}
```

程序运行结果为:

```
1,2,3,4,5,
```

5.1.2　while 循环程序举例

【例 5.3】　编程序,求 1+2+3+…+100 之和。

编程思路:

该问题实质上是求等差数列之和,完全可以利用等差数列的求和公式来求。不过在这里采用一种累加的方法来求此数列之和,因为这种方法具有更好的通用性。

算法设计:

(1) 定义变量 sum 用于存储累加和,并将 sum 初始化为 0;

(2) 将 1 累加到 sum 中,即 sum=sum+1;(此时 sum 的值为 1)

(3) 将 2 累加到 sum 中,即 sum=sum+2;(此时 sum 的值为 1+2 之和)

(4) 将 3 累加到 sum 中,即 sum=sum+3;(此时 sum 的值为 1+2+3 之和)

(5) 依此类推,直至将 100 累加到 sum 中,即 sum=sum+100;(此时 sum 的值为 1+2+3+…+100 之和)

可见,每一次累加都是在上一次累加的基础上进行的。

上述 100 个赋值语句可以归纳为如下的循环体：

```
sum = sum + i;
i = i + 1;
```

其中"i"的取值为 1~100。

可推导出如下的 while 循环：

```
sum = 0;
i = 1;
while(i < = 100)
{
  sum = sum + i;
  i = i + 1;
}
```

完整的源程序：

```
# include < stdio. h>
int main(void)
{
  int sum ,i;
  sum = 0;
  i = 1;
  while(i < = 100)
  {
    sum = sum + i;
    i = i + 1;
  }
  printf("sum = % d\n",sum);
  return 0;
}
```

程序运行结果为：

```
sum = 5050
```

可见，在构造循环程序时，可以按照从具体到一般的原则首先归纳出循环体，然后再添加循环的头部即可。

说明：

（1）在循环体中，必须有能够改变循环变量的值并使循环趋向于结束的语句或表达式。

例如，若将例 5.3 中 while 循环部分改写为

```
while(i < = 100);
{
 sum = sum + i;
 i = i + 1;
}
```

则该循环将变成无限循环，也称为死循环；因为此时的循环体是空语句（即分号），从而导致循环条件始终为真。

（2）循环体只能是语法意义上的单条语句。若需要多条语句，则必须用大括号括起来以构成一条复合语句。

例如，若将例 5.3 中 while 循环部分改写为

```
while( i < = 100)
 sum = sum + i;
 i = i + 1;
```

则该循环仍为死循环，因为此时的循环体是 sum＝sum＋i;这一条语句，从而导致循环条件始终为"真"。

（3）循环体中语句的先后顺序对程序的运行结果能产生影响。例如，若将例 5.3 中的while 循环部分改写为

```
while( i < = 100)
{
 i = i + 1;
 sum = sum + i;
}
```

则程序运行结果为：

```
sum = 5150
```

其原因是少加了第一项 1，而多加了一项 101。

5.2　自增自减运算符与复合赋值运算符

在循环结构程序中，自增自减运算符和复合赋值运算符是两类经常使用的运算符。

5.2.1　自增自减运算符

自增自减运算符是 C 语言中两个很独特的运算符。其基本功能是使得变量的值加 1或减 1。

1. 自增运算符＋＋

其功能是使变量的值加 1，又分为前自增和后自增两种。

前自增的一般形式为：

++变量

例如，

++i

后自增的一般形式为：

变量++

例如，

i++

从功能上说,i＋＋和＋＋i均与赋值表达式 i＝i＋1 相当。

2. 自减运算符--

其功能是使变量的值减 1。又分为前自减和后自减两种。

前自减的一般形式为:

－－变量

例如,

－－i

后自减的一般形式为:

变量－－

例如,

i－－

从功能上说,i－－和－－i均与赋值表达式 i＝i－1 相当。

3. 前自增(减)与后自增(减)的区别

(1) 前自增(减)与后自增(减)作为单独的表达式时,是没有区别的;只有作为另一个表达式的一部分时,才有区别。例如,语句 i＋＋;与语句＋＋i;是完全等价的,而表达式 j＝i＋＋与表达式 j＝＋＋i则完全不同。

(2) 对于前自增,表达式＋＋i的值是 i 加 1 之后的值(可称之为先加 1 后引用,即先将变量的值加 1,然后引用加 1 之后的这个值)。

例如,若有 i＝3;j＝＋＋i;,则 j＝4,i＝4。可见,此处的 j＝＋＋i 相当于 j＝(i＝i＋1)。

再如,若有 i＝3;printf("％d\n",＋＋i);,则运行结果为 4。

(3) 对于后自增,表达式 i＋＋的值是 i 加 1 之前的值(可称之为先引用后加 1,即先引用变量的值,然后再将变量的值加 1)。

例如,若有 i＝3;j＝i＋＋;,则 j＝3,i＝4。可见,此处的 j＝i＋＋相当于 i＝(j＝i)＋1。

再如,若有 i＝3;printf("％d\n",i＋＋);,则运行结果为 3。

(4) 后自增和后自减的优先级高于前自增和前自减。具体的优先级和结合性可以查看本书附录 C。

5.2.2 复合赋值运算符

将算术运算符或位运算符置于赋值运算符之前构成的运算符称为复合赋值运算符。在 C 语言中共有 10 种复合赋值运算符,包括＋＝、－＝、＊＝、/＝、％＝等。

复合赋值运算符的一般使用形式(以＊＝为例):

变量＊＝表达式

其功能等价于

变量 = 变量 * (表达式)

例如：

a += 3　等价于　a = a + 3
x * = y + 8　等价于　x = x * (y + 8)

可见，使用复合赋值运算符能提高程序的简洁性，但降低了程序的可读性。初学者在编写程序时，应当首先保证程序的正确性和可读性。

5.3　for 循环

用 for 语句构成的循环称为 for 循环。

5.3.1　for 语句

for 语句的一般形式：

for(表达式 1;表达式 2;表达式 3)
　单条语句

这里的"单条语句"就是要反复执行的部分，称为循环体。

for 语句的执行流程如图 5.2 所示。首先执行一次表达式 1，然后判断表达式 2 的值是真是假，若为真(非 0)，则执行一次循环体，并执行表达式 3，然后自动返回；若表达式 2 的值为假(0)，则结束循环，转而执行循环体之后的语句。

【例 5.4】　for 循环示例。

```
# include < stdio. h >
int main(void)
{
 int i;
 for(i = 1;i < = 5;i++)
 printf(" % d,",i);
 return 0;
}
```

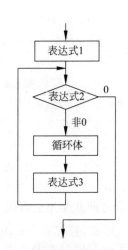

图 5.2　for 语句的执行流程

运行结果为：

1,2,3,4,5,

可见，在 for 循环中，表达式 1 一般用于为循环变量赋初值，表达式 2 则是循环的条件，表达式 3 一般用于递变循环变量的值。

从 for 循环的功能可以看出，for 循环可以看作是由 while 循环变形而来的；也就是将给循环变量赋初值的语句和递变循环变量值的语句合并到了 for 语句的括号之中。for 循环比 while 循环更简洁，但不如 while 循环直观。

5.3.2 for 循环程序举例

【例 5.5】 编写程序求 $n!$。

问题分析：

该程序仍可采用累积运算的方法求解。只是要注意存放累乘结果的变量的初值应为 1。

源程序：

```
#include <stdio.h>
int main(void)
{
 long f;                            /*不能用 n!作为变量名*/
 int i,n;
 scanf("%d",&n);
 f = 1;
 for(i = 1;i <= n;i++)
  f = f * i;
 printf("f = %ld\n",f);
 return 0;
}
```

在选择变量类型时,要考虑到结果的取值范围。例如,在本例中当 n 的值较大时,n 的阶乘值就会很大,则应将 f 定义为 float 型或 double 型。

5.4 do-while 循环

用 do-while 语句构成的循环,称为 do-while 循环。

5.4.1 do-while 语句

do-while 语句的一般形式为：

```
do
  单条语句
while(表达式);
```

do-while 语句的执行流程如图 5.3 所示。首先执行一次循环体,然后判断表达式的值是"真"是"假";若表达式的值为"真"(非 0),则返回到循环体开始部分,继续执行一次循环体;若表达式的值为"假"(0),则结束循环,转而执行循环体之后的语句。

说明：

(1) 在 while(表达式)之后要有一个分号,因为到此已经构成了一条完整的语句。

(2) do-while 循环的循环体最少要执行一次。

【例 5.6】 do-while 循环示例。

```
#include <stdio.h>
```

```
int main(void)
{
 int i = 1;
 do
 {
  printf(" % d,",i);
  i++;
 }
 while(i < = 5);
 return 0;
}
```

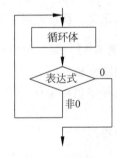

图 5.3　do-while 语句的执行流程

运行结果为

1,2,3,4,5,

5.4.2　do-while 循环程序举例

【例 5.7】　用迭代法求解数值方程 $x = \cos(x)$,求出迭代 100 次之后所得到的方程根的近似值。

编程思路:

所谓迭代法,就是首先取得变量的一个初始值,然后按照某种规律求出下一个值。依此类推,直至获得理想的终止值为止。变量的初始值通常通过估值取得。

算法设计:

(1) 估计出方程的第一个近似解 x0;

(2) 根据 x1 = cos(x0)求出第二个近似解 x1;

(3) 依此类推,循环迭代 100 次即可。

源程序:

```
# include < stdio. h >
# include < math. h >
int main(void)
{
 double x;
 int i;
 x = 0;                     / * 第 1 次估值 * /
 for(i = 1;i < = 100;i++)
 {
  x = cos(x);
  printf("i = % d,x = % .20f\n",i,x);
 }
 return 0;
}
```

从该程序的运行结果可以发现,当迭代到第 93 次时,方程的解不再改变。若将"x"的第一次估值改为 10 000,那么迭代到第 91 次时,方程的解不再改变。

由此可见,只要迭代是收敛的,变量的第一次估值并不重要。

【例 5.8】 用迭代法求解数值方程 $x = \cos(x)$,直到连续两次迭代结果之差的绝对值小于 10^{-6} 为止。

编程思路:

因为此处需要用连续两次迭代结果之差的绝对值控制循环,因此必须用两个变量保存相邻两次的迭代值。

源程序:

```c
# include < stdio. h >
# include < math. h >
int main(void)
{
 double x,x1;              /* x1 用于保存最新一次迭代之前的 x 值 */
 x = 0;                    /* 第 1 次估值 */
 do
 {
  x1 = x;                  /* 若此语句与下一语句互换位置,则 x1 与最新一次迭代的 x 等值 */
  x = cos(x);
 }
 while(fabs(x - x1)> = 1e - 6);
 printf("x = % .20f\n",x);
 return 0;
}
```

在该程序中,由于循环条件中的变量 x1 的第一次赋值是在循环体中完成的,故适于采用 do-while 循环。

5.5 循环的嵌套

若在一个循环的循环体中又包含了另外的循环结构,则称之为循环的嵌套,也叫做多重循环。在多重循环中,最常见的是双重循环,下面来看一个双重循环的例子。

【例 5.9】 写出下列程序的运行结果。

```c
# include < stdio. h >
int main(void)
{
 int i,j;
 for(i = 0;i < 2;i++)
 {
  for(j = 0;j < 3;j++)
  {
   printf("i = % d,j = % d\n",i,j);
  }
  printf(" * * * * * \n");
 }
 return 0;
}
```

在分析双重循环的执行过程时,可以首先将外循环的循环体看作一个整体,并展开外循环;然后再逐步展开内层循环。不过,展开循环的前提是在循环体中不曾改变循环变量的值。

对上面的程序而言可将外循环展开为:

```
i = 0;
for(j = 0;j < 3;j++)
{
 printf("i = % d,j = % d\n",i,j);
}
printf(" ***** \n");
i = 1;
for(j = 0;j < 3;j++)
{
 printf("i = % d,j = % d\n",i,j);
}
printf(" ***** \n");
```

然后,再将其中的内循环展开为:

```
i = 0;
j = 0;
printf("i = % d,j = % d\n",i,j);
j = 1;
printf("i = % d,j = % d\n",i,j);
j = 2;
printf("i = % d,j = % d\n",i,j);
printf(" ***** \n");
i = 1;
j = 0;
printf("i = % d,j = % d\n",i,j);
j = 1;
printf("i = % d,j = % d\n",i,j);
j = 2;
printf("i = % d,j = % d\n",i,j);
printf(" ***** \n");
```

因此,可得该程序的运行结果为:

```
i = 0,j = 0
i = 0,j = 1
i = 0,j = 2
*****
i = 1,j = 0
i = 1,j = 1
i = 1,j = 2
*****
```

根据多重循环的执行过程可以发现,在多重循环的最内层循环体中,可以列举出各层循环变量的所有取值组合。

【例 5. 10】 编程序打印如下九九乘法表。

```
1×1=1
1×2=2  2×2=4
1×3=3  2×3=6  3×3=9
1×4=4  2×4=8  3×4=12  4×4=16
1×5=5  2×5=10  3×5=15  4×5=20  5×5=25
1×6=6  2×6=12  3×6=18  4×6=24  5×6=30  6×6=36
1×7=7  2×7=14  3×7=21  4×7=28  5×7=35  6×7=42  7×7=49
1×8=8  2×8=16  3×8=24  4×8=32  5×8=40  6×8=48  7×8=56  8×8=64
1×9=9  2×9=18  3×9=27  4×9=36  5×9=45  6×9=54  7×9=63  8×9=72  9×9=81
```

编程思路：

(1) 该九九乘法表共有 9 行，其第 n 行由 n 个等式组成。

(2) 可以首先实现一个等式的打印，然后扩展到一行等式的打印，进而扩展到 9 行等式的打印。

算法设计：

(1) 实现第 3 行第 1 个等式"1×3＝3"的打印。

```c
#include<stdio.h>
int main(void)
{
 int i,j;
 i=3;
 j=1;
 printf("%d*%d=%d\n",j,i,i*j);
 return 0;
}
```

(2) 将打印一个等式的语句循环 3 次，即可实现整个第 3 行的打印。

```c
#include<stdio.h>
int main(void)
{
 int i,j;
 i=3;
 for(j=1;j<=i;j++)
  printf("%d*%d=%d\t",j,i,i*j);
 printf("\n");
 return 0;
}
```

(3) 将打印一行的程序段循环 9 次，即可实现整个九九乘法表的打印。

```c
#include<stdio.h>
int main(void)
{
 int i,j;
 for(i=1;i<=9;i++)
 {
  for(j=1;j<=i;j++)
```

```
        printf("%d* %d = % - 2d ",j,i,i*j);
      printf("\n");                /*该语句必须位于外循环体之内、内循环体之外*/
    }
   return 0;
  }
```

由此可见,欲构造双重循环程序,可以首先构造出内层循环,然后以整个内层循环部分作为循环体,添加上外层循环的头部即可。

【例5.11】 编写程序,计算 1!、3!、5!、…、19!。

编程思路:

这里需要求出 10 个数的阶乘,而且这 10 个数是以 2 为步长递增的,故可以在求一个数阶乘的基础上扩展而来。

算法设计:

(1) 依次写出求 1!、3!、5!、…、19! 的程序段。

```
int n,i;
double f;
n = 1;
f = 1;
for(i = 1;i < = n;i++)
  f = f * i;
printf("f = %.0lf\n",f);
n = 3;
f = 1;
for(i = 1;i < = n;i++)
  f = f * i;
printf("f = %.0lf\n",f);
n = 5;
f = 1;
for(i = 1;i < = n;i++)
  f = f * i;
printf("f = %.0lf\n",f);
…
n = 19;
f = 1;
for(i = 1;i < = n;i++)
  f = f * i;
printf("f = %.0lf\n",f);
```

(2) 显而易见,各程序段中变量 n 的值是以 2 为步长递增的,故可以用一个外循环控制变量 n 的变化。从而得到如下的双重循环程序。

源程序:

```
# include < stdio. h>
int main(void)
{
 int n,i;
 double f;
 for(n = 1;n < = 19;n += 2)
```

```
{
 f = 1;                        /* 该语句必须位于外循环体内,内循环体外 */
 for(i = 1;i < = n;i++)
  f = f * i;
 printf(" % d!= % .0lf\n",n,f);
}
return 0;
}
```

5.6 循环辅助语句和 while(1)循环

break 语句和 continue 语句是循环结构中的两个辅助性语句。

5.6.1 break 语句

break 语句只能用于 switch 语句或循环体之中。用于循环体内部时,其功能为跳出本层的循环体,从而提前结束循环。

【**例 5.12**】 break 语句用于循环体内部示例。

```
# include < stdio. h >
int main(void)
{
 int i;
 for(i = 1;i < = 5;i++)
 {
  if(i > 3)
   break;
  printf(" % d,",i);
 }
 return 0;
}
```

程序运行结果为:

1,2,3,

由于 break 语句用于循环体内部时,能够提前结束循环,故一般需要内嵌到 if 语句中。

5.6.2 continue 语句

其一般形式为:

continue;

continue 语句只能用于循环体中,其功能是跳过循环体中 continue 之后的那一部分循环体,而继续进行下一次循环。

对于 for 循环,执行 continue 语句将转向执行表达式 3,然后转向循环条件的判断;而对于 while 循环和 do-while 循环,执行 continue 语句将直接转向循环条件的判断。

【例 5.13】 continue 语句用于循环体内部示例。

```
# include < stdio. h>
int main(void)
{
 int i;
 for(i = 1;i < = 5;i++)
 {
  if(i < = 2)
    continue;
  printf(" % d,",i);
 }
 return 0;
}
```

程序运行结果为:

```
3,4,5,
```

5.6.3　while(1)形式的循环

在构造循环时,对循环条件进行判断的时机是至关重要的。一方面,要保证先给循环变量赋值、后判断循环条件;另一方面,还要保证先判断循环条件、后进行相应处理。

采用 while(1)形式的循环,将会很容易满足上述两点要求。在这种循环中,其循环条件永远为"真",因此从形式上看是一个无限循环。不过,可以在它的循环体中借助有条件的 break 语句,在合适的时机结束循环,从而变成一个有限循环。

下面通过一个实例分析说明。

【例 5.14】 从键盘输入若干名学生的入学成绩,计算他们的平均成绩。要求以 -1 作为输入结束标记。

编程思路:

欲求平均成绩,需首先求出这些成绩的总和。由于未明确给出学生的人数,故采用输入结束标记控制循环。

算法设计:

(1) 输入一个学生的成绩。

(2) 若是结束标记,则结束循环;否则,累加到总成绩,并统计当前学生的人数,然后转向(1)。

(3) 求出平均成绩并输出。

采用 while 循环结构的源程序:

```
# include < stdio. h>
int main(void)
{
 float g, sum = 0, ave;
 int n = 0;
 printf("请输入若干个入学成绩,以 - 1 作为结束标记:");
```

```
while(g!= - 1)
{
 scanf(" % f",&g);
 sum = sum + g;
 n++;
}
ave = sum/n;
printf("平均成绩 = % f\n",ave);
return 0;
}
```

该程序存在如下两个问题：第一，判断在先、输入在后，首次判断循环条件时，变量 g 尚未赋值，导致变量 g 的值为随机值；第二，输入 g 的值之后，随即累加到 sum 中，然后再判断是不是结束标记－1，导致将结束标记累加到 sum 中。

采用 do-while 循环结构的源程序：

```
# include < stdio. h>
int main(void)
{
 float g, sum = 0, ave;
 int n = 0;
 printf("请输入若干个入学成绩,以 - 1 作为结束标记:");
 do
 {
  scanf(" % f",&g);
  sum = sum + g;
  n++;
 }
 while(g!= - 1);
 ave = sum/n;
 printf("平均成绩 = % f\n",ave);
 return 0;
}
```

该程序仍存在如下问题：输入 g 的值之后，随即累加到 sum 中，然后再判断是不是结束标记－1，导致将结束标记累加到 sum 中。

采用改进的 while 循环结构的源程序：

```
# include < stdio. h>
int main(void)
{
 float g, sum = 0, ave;
 int n = 0;
 printf("请输入若干个入学成绩,以 - 1 作为结束标记:");
 scanf(" % f",&g);
 while(g!= - 1)
 {
  sum = sum + g;
  n++;
  scanf(" % f",&g);
```

```
      }
      ave = sum/n;
      printf("平均成绩 = % f\n",ave);
      return 0;
      }
```

该程序解决了前两种方法中存在的问题,但不足之处是语句有重复而且程序结构不够自然顺畅。

采用 while(1)形式循环结构的源程序:

```
# include < stdio. h>
int main(void)
{
 float g,sum = 0,ave;
 int n = 0;
 printf("请输入若干个入学成绩,以 - 1 作为结束标记:");
 while(1)                  /* 循环条件总为真,用有条件的 break 语句结束循环 */
 {
  scanf("% f",&g);
  if(g == - 1)
    break;
  sum = sum + g;
  n++;
 }
 ave = sum/n;
 printf("平均成绩 = % f\n",ave);
 return 0;
}
```

该程序采用 while(1)形式的循环,当满足一定条件时,通过 break 语句从循环体中跳出循环,既保证了先输入、后判断、再累加的正确顺序,同时程序的结构也比较自然顺畅。

5.7　拓展:逗号表达式与 for 语句变式

5.7.1　逗号运算符与逗号表达式

在 C 语言中,逗号也是一种运算符。用逗号运算符将多个表达式连接起来构成的表达式,称为逗号表达式。

其一般形式为:

表达式 1,表达式 2,…,表达式 n

逗号表达式的求值过程为:自左至右依次计算各个表达式的值,并以最后一个表达式的值作为整个逗号表达式的值。

例如,若有 a=(3 * 5,4 * 5),则括号中逗号表达式的值为 20,故变量 a 的值为 20。

又如,若有 a=3 * 5,4 * 5,虽然逗号表达式的值仍为 20,但由于赋值运算符的优先级高于逗号运算符,故变量 a 的值为 15。

再如,在语句 printf("%d\n",(i=3,i++,++i,i+5));中,唯一的输出项是一个逗号表达式,故输出结果为 10。

需要注意,在 C 语言程序中,有的逗号只是分隔符而非逗号运算符。例如,语句 printf("%d,%d,%d\n",a,b,c);中的逗号均为分隔符。

5.7.2 for 语句变式

C 语言程序的特点之一是灵活,这在 for 语句中得到了充分的体现。

(1) for 语句中的表达式 1、表达式 2 与表达式 3 均可缺省。若表达式 2 缺省,则视为循环条件总为"真"。

【例 5.15】 求 $1+2+3+\cdots+100$ 之值的 for 循环程序。

源程序:

```
# include < stdio. h >
int main(void)
{
 int sum,i;
 sum = 0;
 for(i = 1;i <= 100;i++)
   sum = sum + i;
 printf("sum = % d\n",sum);
 return 0;
}
```

其中的循环部分

```
for(i = 1;i <= 100;i++)
   sum = sum + i;
```

也可以改写为:

```
i = 1;
for(;i <= 100;i++)
   sum = sum + i;
```

或者

```
for(i = 1;i <= 100;)
{
 sum = sum + i;
 i++;
}
```

或者

```
i = 1;
for(;i <= 100;)
{
 sum = sum + i;
 i++;
}
```

或者

```
i = 1;
for(;;)
{
  if(i > 100)
    break;
  sum = sum + i;
  i++;
}
```

（2）在 for 语句中，表达式 1 与表达式 3 均可以是逗号表达式。

例如，上例中的循环部分

```
sum = 0;
for(i = 1;i <= 100;i++)
  sum = sum + i;
```

也可以改写为

```
for(sum = 0,i = 1;i <= 100;i++)
  sum = sum + i;
```

或者

```
sum = 0;
for(i = 1;i <= 100;sum = sum + i,i++)
  ;                      /* 此时的循环体是空语句 */
```

或者

```
for(sum = 0,i = 1;i <= 100;sum = sum + i,i++)
  ;                      /* 此时的循环体是空语句 */
```

后边的两种写法，给人一种"另类"的感觉，不建议效仿。我们在写程序时，应当首先保证程序具有良好的结构性和可读性。

5.8　项目式案例

【例 5.16】　编程序实现输入任意一个年份，求出从公元 1 年 1 月 1 日到上一年年末总共有多少天。

编程思路：

（1）若不考虑闰年，则每年为 365 天。

（2）求出从公元 1 年到上一年所经历的闰年个数，然后对应于每个闰年将总天数增加 1 天。

（3）据说现行的格里高利历是从 1582 年 10 月 15 日开始执行的，这对于总天数的计算会有影响吗？不会。因为格里高利历修正了儒略历的误差，因此完全按格里高利历的规则进行计算，所得结果仍然是正确的。

源程序之一：

```c
# include < stdio. h>
int main(void)
{
 int y,days;
 int i;
 printf("请输入一个年份：");
 scanf("%d",&y);
 days = 0;
 i = 1;
 while(i <= y - 1)
 {
  if((i % 4 == 0)&&(i % 100!= 0)||(i % 400 == 0))
    days = days + 366;
  else
    days = days + 365;
  i = i + 1;
 }
 printf("到上一年年末的总天数 = %d\n",days);
 return 0;
}
```

源程序之二：

```c
# include < stdio. h>
int main(void)
{
 int y,days;
 int i,n;
 printf("请输入一个年份：");
 scanf("%d",&y);
 n = 0;
 i = 1;
 while(i <= y - 1)
 {if((i % 4 == 0)&&(i % 100!= 0)||(i % 400 == 0))
     n = n + 1;                              /* 统计闰年个数 */
  i = i + 1;
 }
 days = (y - 1) * 365 + n;
 printf("到上一年年末的总天数 = %d\n",days);
 return 0;
}
```

源程序之三：

```c
# include < stdio. h>
int main(void)
{
 int y,days;
 int n;
 printf("请输入一个年份：");
```

```
scanf("%d",&y);
n=(y-1)/4-(y-1)/100+(y-1)/400;    /*统计到上一年的闰年个数*/
days=(y-1)*365+n;
printf("到上一年年末的总天数=%d\n",days);
return 0;
}
```

【例 5.17】 编程序实现输入任意一个日期的年、月、日的值,求出从这一年的 1 月 1 日到这一天总共有多少天。

编程思路:

(1) 首先求出从这一年的第一天到上月末的总天数,然后加上该日期中的日数即可。

(2) 而到上月末的天数,可以通过循环累加的方式求得,即将从一月份到上个月的天数累加求和。

源程序之一:

```
#include<stdio.h>
int main(void)
{
 int y,m,d,days;
 int i,t;
 printf("请输入一个年、月、日: ");
 scanf("%d%d%d",&y,&m,&d);
 days=0;
 for(i=1;i<=m-1;i++)
 {
  switch(i)                          /*确定i月份的天数*/
  {
   case 1:
   case 3:
   case 5:
   case 7:
   case 8:
   case 10:
   case 12:t=31;break;
   case 4:
   case 6:
   case 9:
   case 11:t=30;break;
   case 2:if((y%4==0)&&(y%100!=0)||(y%400==0))
            t=29;
          else
            t=28;
  }
  days=days+t;                        /*累加每个月的天数*/
 }
 days=days+d;
 printf("从年初到这一天的总天数=%d\n",days);
 return 0;
}
```

源程序之二：

```
# include < stdio. h>
int main(void)
{
 int y,m,d,days;
 int i,t;
 printf("请输入一个年、月、日：");
 scanf("%d%d%d",&y,&m,&d);
 days = 0;
 switch(m-1)
 {
  case 11:days += 30;
  case 10:days += 31;
  case 9:days += 30;
  case 8:days += 31;
  case 7:days += 31;
  case 6:days += 30;
  case 5:days += 31;
  case 4:days += 30;
  case 3:days += 31;
  case 2:if((y%4==0)&&(y%100!=0)||(y%400==0))
            days += 29;
          else
            days += 28;
  case 1:days += 31;
 }
 days = days + d;
 printf("从年初到这一天的总天数 = %d\n",days);
 return 0;
}
```

在该程序的 switch 语句中，case 标号按照由大到小的顺序排列，而且所有的 case 分支均无 break 语句。因此，当根据 m—1 的值选择某个分支后，将会依次执行其后所有 case 分支之后的累加语句，从而达到反复累加求和的效果。

【例 5.18】 编程序实现输入任意一个日期的年、月、日的值，求出从公元 1 年 1 月 1 日到这一天总共有多少天。

算法设计：

（1）输入一个年、月、日；

（2）计算出到上一年年末的总天数；

（3）计算出到上一月月末的总天数；

（4）计算出到这一天的总天数。

源程序：

```
# include < stdio. h>
int main(void)
{
 int y,m,d,days;
```

```
int i,n,t;
printf("请输入一个年、月、日：");
scanf("%d%d%d",&y,&m,&d);
n = 0;
for(i = 1;i <= y - 1;i++)
{
   if((i%4 == 0)&&(i%100!= 0)||(i%400 == 0))
   n++;                              /* 统计闰年个数 */
}
days = (y - 1) * 365 + n;           /* 到上一年年末的总天数 */
for(i = 1;i <= m - 1;i++)
{
  switch(i)                          /* 确定 i 月份的天数 */
  {
   case 1:
   case 3:
   case 5:
   case 7:
   case 8:
   case 10:
   case 12:t = 31;break;
   case 4:
   case 6:
   case 9:
   case 11:t = 30;break;
   case 2:if((y%4 == 0)&&(y%100!= 0)||(y%400 == 0))
             t = 29;
          else
             t = 28;
  }
  days = days + t;
}
days = days + d;
printf("从公元 1 年 1 月 1 日到这一天的总天数 = %d\n",days);
return 0;
}
```

【例 5.19】 你知道你生日那天是星期几吗，你知道你爸爸生日那天是星期几吗？你可能会说"可以查万年历啊"。然而，不查万年历你能计算出来吗？

编程序实现输入任意一个日期的年、月、日的值，求出从公元 1 年 1 月 1 日到这一天总共有多少天，并求出这一天是星期几。

编程思路：

首先求出从公元第一天到给定日期的总天数，然后以总天数除以 7 求出的余数就是对应的星期数（公元第一天按星期一计算）。

算法设计：

(1) 输入一个年、月、日；

(2) 计算出到上一年年末的总天数；

(3) 计算出到上一月月末的总天数；

(4) 计算出到这一天的总天数；

（5）计算出这一天是星期几；

（6）输出结果。

源程序：

```c
#include<stdio.h>
int main(void)
{
  int y,m,d,days;
  int i,n,t,w;
  printf("请输入一个年、月、日：");
  scanf("%d%d%d",&y,&m,&d);
  n=0;
  for(i=1;i<=y-1;i++)
  {
    if((i%4==0)&&(i%100!=0)||(i%400==0))
    n++;                              /*统计闰年个数*/
  }
  days=(y-1)*365+n;                   /*到上一年年末的总天数*/
  for(i=1;i<=m-1;i++)                 /*计算到上月末的总天数*/
  {
    switch(i)                        /*确定i月份的天数*/
    {
    case 1:
    case 3:
    case 5:
    case 7:
    case 8:
    case 10:
    case 12:t=31;break;
    case 4:
    case 6:
    case 9:
    case 11:t=30;break;
    case 2:if((y%4==0)&&(y%100!=0)||(y%400==0))
            t=29;
          else
            t=28;
    }
    days=days+t;                     /*将i月份的天数累加到·days*/
  }
  days=days+d;                       /*将日期中的日数累加到days*/
  printf("从公元1年1月1日到这一天的总天数=%d\n",days);
  w=days%7;
  printf("这一天是");
  switch(w)
  {
  case 0:printf("星期日\n");break;
  case 1:printf("星期一\n");break;
  case 2:printf("星期二\n");break;
  case 3:printf("星期三\n");break;
```

```
        case 4:printf("星期四\n");break;
        case 5:printf("星期五\n");break;
        case 6:printf("星期六\n");break;
     }
     return 0;
}
```

第6章

数 组

前面介绍的程序中所使用的变量均为标量类型的变量。但是当在一个程序中用到大量变量时,使用标量类型的变量则不甚方便。此时,我们可以在程序中使用一种组合类型的数据——数组。

所谓数组,就是一组具有相同类型的有序变量的集合。数组中的变量称为数组的元素,数组元素的个数称为数组的长度。

数组按其逻辑结构不同,可以分为一维数组、二维数组和三维数组等。这里的维,就是维度、方向的意思。

6.1 一维数组

一维数组的所有元素看做一行,相当于数学中的向量。在程序中使用数组时,必须先定义后使用。

6.1.1 一维数组的定义

一维数组定义的一般形式为:

类型说明符 数组名[数组长度];

这里的数组长度一般是一个正整数,也可以是整型常量的表达式。

例如:

int a[10];

该语句定义了一个数组名为 a 的一维数组,该数组包含了 10 个 int 型的数组元素,即 a[0]、a[1]、a[2]、a[3]、…、a[9]。

一维数组的元素,不但在名称上是有序的,在内存中的存储也是连续且有序的。

说明:

(1) 在 C89 标准中,不允许定义变长数组,即在表示数组长度的表达式中,不能包含变量名。而在 C99 标准中,则允许定义变长数组。

例如:

```
int n = 10;
int a[n];
```

在 C89 标准中是错误的。

（2）不能对数组元素进行越界引用。

例如：

```
int a[10];
a[10] = 200;
```

是错误的，因为在数组 a 中不存在 a[10]这个元素。

6.1.2　一维数组的使用

在程序中，一般不能将一维数组作为一个整体操作，而只能针对数组的元素进行操作。通常可以利用数组元素的有序性特点，通过循环来处理数组的元素。

【例 6.1】　从键盘输入 10 个整数存入到一个一维数组中，然后再按逆序输出。

编程思路：

（1）要输入一个整数并存入到数组元素 a[0]中，可用以下语句实现。

```
i = 0;
scanf("%d",&a[i]);                 /* 可以用变量作为数组元素的下标 */
```

（2）用一个循环控制变量 i 的值从 0 变到 9，即可输入 10 个整数并存入到数组 a 中。

```
for(i = 0;i <= 9;i++)
    scanf("%d",&a[i]);
```

（3）要输出数组元素 a[9]的值，可用以下语句实现。

```
i = 9;
printf("%d",a[i]);
```

（4）用一个循环控制变量 i 的值从 9 变到 0，即可逆序输出数组 a 中 10 个元素的值。

```
for(i = 9;i >= 0;i-- )
  printf("%d",a[i]);
```

源程序：

```
# include < stdio. h >
int main(void)
{
 int a[10], i;
 printf("请输入 10 个整数: \n");
 for(i = 0;i <= 9;i++)
 scanf("%d",&a[i]);
 for(i = 9;i >= 0;i-- )
 printf("%d",a[i]);
 printf("\n");
 return 0;
}
```

6.1.3 一维数组的初始化

在定义一维数组的同时,给数组元素赋初值,称为数组的初始化。一维数组的初始化有以下几种形式。

1. 给全部数组元素赋初值

例如:

int a[6] = {1,3,5,7,9,0};

初始化数据项必须是常量或常量表达式。

2. 给部分数组元素赋初值

例如:

int a[6] = {3,6,9};
int f[6] = {0};

此时,未经赋值的数组元素,系统自动将其赋值为 0。

3. 在初始化一维数组时可以不指定数组的长度

例如:

int a[ ] = {2,6,8,9,0,1};

此时,系统可以按照初值的个数来确定数组的长度。

需要注意,int a[ ];是错误的,因为此时无法确定数组 a 的长度,从而无法为它分配内存空间。

6.1.4 一维数组应用举例

【例 6.2】 编写程序实现:从键盘输入年份和月份,求出该月份的天数并输出。

编程思路:

(1) 将每个月的天数存入到数组 mon 中,mon[i]存储 i 月份的天数,二月份天数暂取 28。

(2) 根据年份判断,若是闰年,则修正二月份的天数。

(3) 根据月份 m 的值,输出数组元素 mon[m]的值,即对应的月份天数。

源程序:

```
# include < stdio.h>
int main(void)
{
  int y,m;
  int mon[13] = {0,31,28,31,30,31,30,31,31,30,31,30,31};  /* 每个月的天数 */
  printf("请输入年份和月份: ");
  scanf(" % d % d",&y,&m);
  if((y % 4 == 0)&&(y % 100!= 0)||(y % 400 == 0))
   mon[2] = 29;                                    /* 若是闰年则修正二月份的天数 */
```

```
    printf("该月份的天数 = % d\n",mon[m]);
    return 0;
}
```

【例 6.3】 斐波那契数列的变化规律是：前两项都是 1，从第三项开始的每一项等于其前面两项之和。试用一维数组编程序，求出斐波那契数列的前 40 项。

算法设计：

(1) 定义一个一维数组 f[40]，用于存储数列的前 40 项。

(2) 将前两项存入到 f[0]和 f[1]中，即 f[0]＝1，f[1]＝1。

(3) 按照数列的规律，求得第 i 项并存入到 f[i]中，即 f[i]＝f[i－2]＋f[i－1]，其中 i 的取值为 2～39。

(4) 最后输出所有的项。

源程序：

```
# include < stdio. h>
int main(void)
{
  long f[40] = {1,1};              /* 将前两项存入到 f[0]和 f[1]中 */
  int i;
  for(i = 2;i < = 39;i++)
    f[i] = f[i-2] + f[i-1];         /* 求得第 i 项并存入到 f[i]中 */
  for(i = 0;i < = 39;i++)
    printf(" % 16ld",f[i]);
  return 0;
}
```

【例 6.4】 从键盘输入 10 个数，求出其中的最大数并输出。

编程思路：

可采用打擂台的方法来求最大数。

算法设计：

(1) 定义一个数组 a[10]，用于存储输入的 10 个数；

(2) 定义一个变量 max，用于存储当前的最大数；

(3) 将 a[0]的值赋给 max(其实可以取数组中的任意一个元素，为便于编程通常取 a[0])；

(4) 取数组中的下一个元素 a[i]与 max 相比较。若 a[i]的值大于 max，则将 a[i]的值赋给 max(即 a[i]是当前的最大数)，否则 max 保持不变；

(5) 循环执行第(4)步，直至 9 次比较完成，此时 max 的值就是 10 个数中的最大数。

源程序：

```
# include < stdio. h>
int main(void)
{
  int a[10],max,i;
  printf("请输入 10 个整数: \n");
  for(i = 0;i < = 9;i++)
    scanf(" % d",&a[i]);
```

```
  max = a[0];
  for(i = 1;i < = 9;i++)
  {
   if(a[i]> max)
     max = a[i];
  }
  printf("最大数 = % d\n",max);
  return 0;
}
```

【例 6.5】　从键盘输入 10 个数,用选择法按降序排序并输出。

编程思路:

可以通过反复地求最大值(或最小值)实现排序。

算法设计:

(1) 定义一个数组 a[10],用于存储要排序的 10 个数。

(2) 找出 10 个数中的最大数,并置入 a[0]中。方法是依次将 a[0]与其余 9 个数相比较,并将较大者存入到 a[0]中,其实就是前边的擂台法。

将 a[0]与 a[1]相比较,并将较大者置入 a[0]中。

```
if(a[0]< a[1])
 {
  t = a[0];
  a[0] = a[1];
  a[1] = t;
}
```

将 a[0]与 a[2]相比较,并将较大者置入 a[0]中。

```
if(a[0]< a[2])
 {
  t = a[0];
  a[0] = a[2];
  a[2] = t;
 }
 …
```

将 a[0]与 a[9]相比较,并将较大者置入 a[0]中。

```
if(a[0]< a[9])
 {
  t = a[0];
  a[0] = a[9];
  a[9] = t;
 }
```

以上 9 条 if 语句,可以归纳为如下一个单重循环:

```
i = 0;
for(j = i + 1;j < = 9;j++)
  if(a[i]< a[j])
   {
    t = a[i];
    a[i] = a[j];
    a[j] = t;
   }
```

（3）找出其余 9 个数中的最大数，并置入 a[1]中。可用如下一个单重循环实现。

```
i = 1;
for(j = i + 1;j <= 9;j++)
  if(a[i]< a[j])
   {
    t = a[i];
    a[i] = a[j];
    a[j] = t;
   }
```

（4）依此类推，直至找出其余 2 个数中的较大数，并置入 a[8]中，最小数置入 a[9]中。可用如下一个单重循环实现。

```
i = 8;
for(j = i + 1;j <= 9;j++)
  if(a[i]< a[j])
   {
    t = a[i];
    a[i] = a[j];
    a[j] = t;
   }
```

至此，排序完成。

（5）显然，上述 9 个单重循环可以合并为如下的双重循环。

```
for(i = 0;i <= 8;i++)
{
  for(j = i + 1;j <= 9;j++)
  if(a[i]< a[j])
  {
   t = a[i];
   a[i] = a[j];
   a[j] = t;
  }
}
```

完整的源程序：

```
# include < stdio. h >
int main(void)
{
 int a[10],i,j,t;
 printf("请输入 10 个整数: \n");
 for(i = 0;i <10;i++)
   scanf(" % d",&a[i]);
 for(i = 0;i <= 8;i++)
 {
    for(j = i + 1;j <= 9;j++)
    if(a[i]< a[j])
    {
     t = a[i];
     a[i] = a[j];
```

```
        a[j] = t;
    }
}
printf("排序后的结果为: \n");
for(i = 0;i < 10;i++)
    printf(" % d ",a[i]);
printf("\n");
return 0;
}
```

【例 6.6】 从键盘输入 10 个数,用改进的选择法按降序排序并输出。

编程思路:

(1) 在原始的选择法中,为了找出 10 个数中的最大数,依次将 a[0]与其余 9 个数组元素 a[j]相比较,只要 a[j]大于 a[0],就将 a[j]的值与 a[0]的值相交换。

其实最终目的是找出 10 个数中的最大数,并将该最大数置入数组元素 a[0]中。因此完全可以先找出 10 个数中的最大数,然后再将该元素的值与 a[0]的值相交换,从而减少交换的次数。

可用如下程序段实现:

```
i = 0;
k = i;                          /* k 保存 10 个数中最大数的下标 */
for(j = i + 1;j <= 9;j++)
{
    if(a[j]> a[k])
        k = j;
}
t = a[i];a[i] = a[k];a[k] = t;     /* 将 10 个数中的最大数与 a[0]的值互换 */
```

(2) 同样地,要找出剩余 9 个数中的最大数,并置入数组元素 a[1]中,可用如下程序段实现。

```
i = 1;
k = i;                          /* k 保存 9 个数中最大数的下标 */
for(j = i + 1;j <= 9;j++)
{
    if(a[j]> a[k])
        k = j;
}
t = a[i];a[i] = a[k];a[k] = t;     /* 将 9 个数中的最大数与 a[1]的值互换 */
```

(3) 依此类推,直至找出剩余 2 个数中的较大数,并置入数组元素 a[8]中,可用如下程序段实现。

```
i = 8;
k = i;                          /* k 保存 2 个数中最大数的下标 */
for(j = i + 1;j <= 9;j++)
{
    if(a[j]> a[k])
        k = j;
```

```
    }
    t = a[i];a[i] = a[k];a[k] = t;           /* 将 2 个数中的最大数与 a[8]的值互换 */
```

至此完成排序,总共需要 9 个单重循环。

(4) 上述 9 个单重循环可以合并为如下的一个双重循环。

```
for(i = 0;i < = 8;i++)
{
 k = i;                                       /* k 保存本轮最大数的下标 */
 for(j = i + 1;j < = 9;j++)
 {
   if(a[j]> a[k])
     k = j;
 }
 t = a[i];a[i] = a[k];a[k] = t;               /* 将本轮最大数 a[k]与 a[i]互换 */
}
```

完整的源程序:

```
# include < stdio. h>
int main(void)
{
 int a[10],t,i,j,k;
 printf("请输入 10 个整数: \n");
 for(i = 0;i < = 9;i++)
   scanf(" % d",&a[i]);
 for(i = 0;i < = 8;i++)
 {
   k = i;                                     /* k 保存本轮最大数的下标 */
   for(j = i + 1;j < = 9;j++)
   {
     if(a[j]> a[k])
     k = j;
   }
   t = a[i];a[i] = a[k];a[k] = t;             /* 将本轮最大数 a[k]与 a[i]互换 */
 }
 printf("排序后的结果为: \n");
 for(i = 0;i < = 9;i++)
 printf(" % d,",a[i]);
 printf("\n");
 return 0;
}
```

6.2　二维数组

二维数组包括若干行若干列,相当于数学中的矩阵。通常用于存储一组可以分为若干行若干列的数据。

6.2.1 二维数组的定义

二维数组定义的一般形式为：

类型说明符 数组名[行数][列数];

这里的行数和列数一般是正整数,也可以是整型常量的表达式。

例如:

```
int a[3][4];
```

该语句定义了一个 3 行 4 列的数组 a,该数组包含了如下 12 个 int 型的数组元素:

```
a[0][0],a[0][1],a[0][2],a[0][3]
a[1][0],a[1][1],a[1][2],a[1][3]
a[2][0],a[2][1],a[2][2],a[2][3]
```

在内存中,二维数组的元素是按照行优先顺序连续存放的,即首先存放第 0 行的所有元素,然后存放第 1 行的所有元素,依此类推。

6.2.2 二维数组的初始化

可以在定义二维数组的同时,给数组元素赋初值,称为二维数组的初始化。二维数组的初始化有下面几种形式。

（1）对二维数组不分行初始化。

例如:

```
int a[2][3] = {1,2,3,4,5,6};
```

（2）对二维数组分行初始化。

例如:

```
int a[2][3] = {{1,2,3},{4,5,6}};
```

（3）可以只对二维数组的部分元素赋初值。

例如:

```
int a[3][4] = {{1},{2},{3}};
```

此时,未经赋值的数组元素,系统自动将其赋值为 0。

（4）在初始化二维数组时,数组的行数可以缺省,而数组的列数不能缺省。

例如:

```
int a[][3] = {{1,2,3},{4,5,6}};
```

此时,系统可以按照初值的个数来确定二维数组的行数。

6.2.3 二维数组的引用

在程序中,一般不能将二维数组作为一个整体操作,而只能针对二维数组的元素进行操作。按照二维数组的逻辑结构特点,在编写程序时通常可以利用双重循环来处理二维数组的元素。

【例 6.7】 已知一个 3 行 4 列的二维数组 int a[3][4]＝{1,2,3,4,5,6,7,8,9,10,11,12},要求分行输出该二维数组的所有元素值。

编程思路：

（1）要输出该数组第 0 行的所有元素,可用如下程序段实现。

```
printf("%6d",a[0][0]);
printf("%6d",a[0][1]);
printf("%6d",a[0][2]);
printf("%6d",a[0][3]);
```

以上程序段可以归纳为如下的单重循环。

```
for(j = 0;j <= 3;j++)
  printf("%6d",a[0][j]);
```

（2）要分行输出该数组的所有元素,可用如下 3 个单重循环实现。

```
for(j = 0;j <= 3;j++)
  printf("%6d",a[0][j]);
printf("\n");
for(j = 0;j <= 3;j++)
  printf("%6d",a[1][j]);
printf("\n");
for(j = 0;j <= 3;j++)
  printf("%6d",a[2][j]);
printf("\n");
```

（3）以上 3 个单重循环,可以合并为如下的双重循环。

```
for(i = 0;i <= 2;i++)                /* 外循环控制行号 */
  {
   for(j = 0;j <= 3;j++)             /* 内循环控制列号 */
    printf("%6d",a[i][j]);
   printf("\n");
  }
```

完整的源程序：

```
# include < stdio. h >
int main(void)
{
 int a[3][4] = {1,2,3,4,5,6,7,8,9,10,11,12},i,j;
 for(i = 0;i <= 2;i++)               /* 外循环控制行号 */
 {
   for(j = 0;j <= 3;j++)             /* 内循环控制列号 */
    printf("%6d",a[i][j]);
   printf("\n");
 }
 return 0;
}
```

由此可见,在处理二维数组的元素时,通常可以采用双重循环。若是按照行优先顺序处理二维数组的元素,则用外循环控制行号,用内循环控制列号。若是按照列优先顺序处理二维数组的元素,则用外循环控制列号,用内循环控制行号。

6.2.4　二维数组应用举例

【例6.8】　从键盘输入6个学生5门课程的成绩,然后求出每门课程的平均成绩并输出。

编程思路:

首先将6个学生5门课程的成绩存入到一个6行5列的二维数组中,则求每门课程的平均分就是求该数组每一列所有元素的平均值。

算法设计:

(1) 定义3个数组 g[6][5]、s[5]和 a[5],分别用于存放课程成绩、课程总分与课程平均分;

(2) 输入6个学生5门课程的成绩存入到二维数组 g 中;

(3) 累加求得每门课程的总分并存入到数组 s 中;

(4) 求得每门课程的平均分并存入到数组 a 中;

(5) 输出数组 a 中所有元素的值。

若要求出第0门课程的平均分,可用如下程序段实现:

```
j = 0;
s[j] = 0;                          /* s[0]是第0门课的总分 */
for(i = 0;i < 6;i++)
    s[j] = s[j] + g[i][j];         /* 累加所有第0列元素,求第0门课的总分 */
a[j] = s[j]/6;                     /* a[0]是第0门课的平均分 */
printf(" % f\n",a[j]);
```

若要求出5门课程的平均分,可用如下双重循环实现:

```
for(j = 0;j < 5;j++)
{
    s[j] = 0;                      /* s[j]是第j门课的总分 */
    for(i = 0;i < 6;i++)
        s[j] = s[j] + g[i][j];     /* 累加所有第j列元素,求第j门课的总分 */
    a[j] = s[j]/6;                 /* a[j]是第j门课的平均分 */
    printf(" % f\n",a[j]);
}
```

从而得出完整的源程序:

```
# include < stdio. h >
int main(void)
{
    float g[6][5],s[5],a[5];
    int i,j;
    printf("请依次输入6名学生5门课程的成绩: \n");
    for(i = 0;i < 6;i++)                    /* 行优先次序,外循环控制行号,内循环控制列号 */
    {
```

```
  for(j = 0;j < 5;j++)
    scanf("%f",&g[i][j]);              /* g[i][j]是第 i 个学生第 j 门课程的成绩 */
  }
  printf("5 门课程的平均分: \n");
  for(j = 0;j < 5;j++)                 /* 列优先次序,外循环控制列号,内循环控制行号 */
  {
   s[j] = 0;                          /* s[j]是第 j 门课的总分 */
   for(i = 0;i < 6;i++)
     s[j] = s[j] + g[i][j];           /* 累加所有第 j 列元素,求第 j 门课的总分 */
   a[j] = s[j]/6;                      /* a[j]是第 j 门课的平均分 */
   printf("%.2f\n",a[j]);
  }
  return 0;
}
```

因为该程序中的二维数组是按列求和(即列优先次序),故用外循环控制数组元素的列号,内循环控制数组元素的行号。

【例 6.9】 编程序按如下格式输出杨辉三角的前 6 行。

```
1
1  1
1  2  1
1  3  3   1
1  4  6   4  1
1  5  10  10  5  1
```

编程思路:

(1) 杨辉三角两腰上的元素均为 1。

(2) 其他元素的值等于上一行相邻两个元素的值之和。

算法设计:

(1) 定义一个二维数组 y[6][6],用于存储杨辉三角。

(2) 首先将每一行第 0 列和每一行主对角线元素的值置 1。

(3) 按照杨辉三角的规律,求出其他元素的值。

(4) 最后输出结果。

源程序:

```
# include < stdio. h >
# define N 6
int main(void)
{
 int y[N][N],i,j;
 for(i = 0;i < N;i++)
 {
  y[i][0] = 1;                        /* 第 0 列元素置 1 */
  y[i][i] = 1;                        /* 主对角线元素置 1 */
 }
 for(i = 2;i <= N - 1;i++)            /* 外循环控制行号 */
  for(j = 1;j <= i - 1;j++)           /* 内循环控制列号 */
    y[i][j] = y[i - 1][j - 1] + y[i - 1][j];
```

```
for(i = 0;i <= N - 1;i++)
{
  for(j = 0;j <= i;j++)
     printf(" % 6d", y[i][j]);
  printf("\n");
}
return 0;
}
```

6.3 项目式案例

【例 6.10】 编程序实现输入若干个数(不超过 100 个数,先输入数据个数),求出这些数的标准差并输出。

编程思路:

(1) 输入一批数存入数组中;

(2) 求出这些数的和;

(3) 求出这些数的平均值;

(4) 求出这些数的离均差平方和;

(5) 求出这些数的标准差。

源程序:

```
# include < stdio. h >
# include < math. h >
int main(void)
{
  int n,i;
  double a[100],sum,avg,var,sd;
  printf("请输入数据的个数: ");
  scanf(" % d",&n);
  sum = 0;
  printf("请输入 % d个数: \n",n);
  for(i = 0;i < n;i++)
  {
    scanf(" % lf",&a[i]);
    sum = sum + a[i];                    / * 累加求和 * /
  }
  avg = sum/n;                          / * 求平均值 * /
  var = 0;
  for(i = 0;i < n;i++)
     var = var + (a[i] - avg) * (a[i] - avg);  / * 求离均差平方和 * /
  sd = sqrt(var/n);                     / * 求标准差 * /
  printf("标准差 = % lf\n",sd);
  return 0;
}
```

【例 6.11】 编程序实现输入任意一个日期的年、月、日的值,求出从这一年的 1 月 1 日到这一天总共有多少天。

编程思路：

（1）首先求出从这一年的第一天到上月末的总天数，然后加上该日期中的日数即可。

（2）到上月末的天数，可以通过循环累加的方式求得，即将从一月份到上个月的天数累加求和。

源程序：

```
# include < stdio. h>
int main(void)
{
 int y, m, d, days, i;
 int mon[13] = {0,31,28,31,30,31,30,31,31,30,31,30,31};  /* 每个月的天数 */
 printf("请输入一个年、月、日：");
 scanf("% d % d % d",&y,&m,&d);
 if((y % 4 == 0)&&(y % 100!= 0)||(y % 400 == 0))
   mon[2] = 29;                              /* 若是闰年则修正二月份的天数 */
 days = 0;
 for(i = 1; i <= m - 1; i++)
   days = days + mon[i];                     /* 累加 1 到 m - 1 月的天数 */
 days = days + d;                            /* 累加日期中的日数 */
 printf("从年初到这一天的总天数 = % d\n",days);
 return 0;
}
```

在该程序中，由于事先已将每个月的天数存入数组中，故可以直接对数组元素累加求和。

【例 6.12】 编程序实现输入任意一个日期的年、月、日的值，求出从公元 1 年 1 月 1 日到这一天总共有多少天。

源程序：

```
# include < stdio. h>
int main(void)
{
 int y, m, d, days;
 int n, i;
 int mon[13] = {0,31,28,31,30,31,30,31,31,30,31,30,31};  /* 每个月的天数 */
 printf("请输入一个年、月、日：");
 scanf("% d % d % d",&y,&m,&d);
 if((y % 4 == 0)&&(y % 100!= 0)||(y % 400 == 0))
   mon[2] = 29;                              /* 若是闰年则修正二月份的天数 */
 n = (y - 1)/4 - (y - 1)/100 + (y - 1)/400;  /* 统计到上一年的闰年个数 */
 days = (y - 1) * 365 + n;                   /* 到上一年年末的总天数 */
 for(i = 1; i <= m - 1; i++)
   days = days + mon[i];                     /* 累加 1 到 m - 1 月的天数 */
 days = days + d;                            /* 累加日期中的日数 */
 printf("从公元 1 年 1 月 1 日到这一天的总天数 = % d\n",days);
 return 0;
}
```

【例 6.13】 编程序实现输入任意一个日期的年、月、日的值,求出从公元 1 年 1 月 1 日到这一天总共有多少天以及这一天是星期几。

源程序:

```c
# include < stdio.h >
int main(void)
{
 int y,m,d,days;
 int n,i,w;
 int mon[13] = {0,31,28,31,30,31,30,31,31,30,31,30,31}; /* 每个月的天数 */
 printf("请输入一个年、月、日: ");
 scanf(" % d % d % d",&y,&m,&d);
 if((y % 4 == 0)&&(y % 100!= 0)||(y % 400 == 0))
   mon[2] = 29;                        /* 若是闰年则修正二月份的天数 */
 n = (y - 1)/4 - (y - 1)/100 + (y - 1)/400;   /* 统计到上一年的闰年个数 */
 days = (y - 1) * 365 + n;            /* 到上一年年末的总天数 */
 for(i = 1;i < = m - 1;i++)
   days = days + mon[i];              /* 累加 1 到 m - 1 月的天数 */
 days = days + d;                     /* 累加日期中的日数 */
 printf("从公元 1 年 1 月 1 日到这一天的总天数 = % d\n",days);
 w = days % 7;
 printf("这一天是");
 switch(w)
 {
  case 0:printf("星期日\n");break;
  case 1:printf("星期一\n");break;
  case 2:printf("星期二\n");break;
  case 3:printf("星期三\n");break;
  case 4:printf("星期四\n");break;
  case 5:printf("星期五\n");break;
  case 6:printf("星期六\n");break;
 }
 return 0;
}
```

【例 6.14】 编程序实现输入一个年份、月份,输出该月份的公历日历。

编程思路:

(1) 打印某个月的日历,即将这个月的每一天按星期值依次排列。

(2) 确定这个月的 1 日是星期几。

(3) 依次在对应的星期位置打印这个月的每一天。

(4) 每当打印完一周的最后一天换行,打印完一个月也需要换行。

对于复杂一点的程序,可以采用逐步构造法,即首先写出实现部分功能的程序,待调试通过、运行正确之后,再逐步完善,直至最终得到实现完整功能的程序。

源程序一(不考虑换行的程序):

利用前面的程序,可以求出某年某月的天数以及这个月 1 日的星期值。

```c
# include < stdio.h >
int main(void)
```

```c
{
  int y,m,days;
  int n,i,w;
  int mon[13] = {0,31,28,31,30,31,30,31,31,30,31,30,31};  /* 每个月的天数 */
  printf("请输入一个年份、月份: ");
  scanf("%d%d",&y,&m);
  if((y%4==0)&&(y%100!=0)||(y%400==0))
    mon[2] = 29;                         /* 若是闰年,则修正二月份的天数 */
  n = (y-1)/4 - (y-1)/100 + (y-1)/400;   /* 统计到上一年的闰年个数 */
  days = (y-1) * 365 + n;                /* 到上一年年末的总天数 */
  for(i = 1;i <= m-1;i++)
    days = days + mon[i];                /* 累加1到m-1月的天数 */
  days = days + 1;                       /* 累加上m月的第1天 */
  w = days % 7;
  printf("                            %d月\n",m);
  printf(" =========================== \n");
  printf(" 日 一 二 三 四 五 六\n");
  for(i = 1;i <= w;i++)
    printf("    ");                      /* 在1日之前打印4*w个空格 */
  for(i = 1;i <= mon[m];i++)             /* mon[m]为m月的天数 */
    printf("%4d",i);                     /* 每天占4个字符宽度 */
  return 0;
}
```

源程序二:

对于每周的换行,可以通过每行输出 7 个数来控制;而对于首行,则需要将 1 日之前空出的天数加上作为修正。

```c
#include < stdio.h >
int main(void)
{
  int y,m,days;
  int n,i,w;
  int mon[13] = {0,31,28,31,30,31,30,31,31,30,31,30,31};   /* 每个月的天数 */
  printf("请输入一个年份、月份: ");
  scanf("%d%d",&y,&m);
  if((y%4==0)&&(y%100!=0)||(y%400==0))
    mon[2] = 29;                         /* 若是闰年则修正二月份的天数 */
  n = (y-1)/4 - (y-1)/100 + (y-1)/400;   /* 统计到上一年的闰年个数 */
  days = (y-1) * 365 + n;                /* 到上一年年末的总天数 */
  for(i = 1;i <= m-1;i++)
    days = days + mon[i];                /* 累加1到m-1月的天数 */
  days = days + 1;                       /* 累加上m月的第1天 */
  w = days % 7;
  printf("                            %d月\n",m);
  printf(" =========================== \n");
  printf(" 日 一 二 三 四 五 六\n");
  for(i = 1;i <= w;i++)
    printf("    ");                      /* 在1日之前打印4*w个空格 */
  for(i = 1;i <= mon[m];i++)             /* mon[m]为m月的天数 */
  {
```

```
  printf(" % 4d",i);                     /* 每天占 4 个字符宽度 */
  if((i + w) % 7 == 0)                    /* 每行打印 7 个数换行 */
   printf("\n");
 }
 printf("\n");                            /* 打印完 1 个月换行 */
 return 0;
}
```

在上面的程序中,如果这个月的最后一天恰好是星期六,将会导致连续两次换行。因此,在每月换行时,应该做一下判断。如果刚刚进行了每周的换行,则不必再做每月的换行。

修正之后的源程序三:

```
# include < stdio. h >
int main(void)
{
 int y,m,days;
 int n,i,w;
 int mon[13] = {0,31,28,31,30,31,30,31,31,30,31,30,31};    /* 每个月的天数 */
 printf("请输入一个年份、月份: ");
 scanf(" % d % d",&y,&m);
 if((y % 4 == 0)&&(y % 100!= 0)||(y % 400 == 0))
  mon[2] = 29;                           /* 若是闰年则修正二月份的天数 */
 n = (y-1)/4 - (y-1)/100 + (y-1)/400;    /* 统计到上一年的闰年个数 */
 days = (y-1) * 365 + n;                 /* 到上一年年末的总天数 */
 for(i = 1;i <= m-1;i++)
  days = days + mon[i];                  /* 累加 1 到 m-1 月的天数 */
 days = days + 1;                        /* 累加上 m 月的第 1 天 */
 w = days % 7;                           /* 计算星期值 */
 printf(" % d 月\n",m);
 printf(" ========================= \n");
 printf(" 日 一 二 三 四 五 六\n");
 for(i = 1;i <= w;i++)
  printf("      ");                      /* 在 1 日之前打印 4 * w 个空格 */
 for(i = 1;i <= mon[m];i++)              /* mon[m]为 m 月的天数 */
 {
  printf(" % 4d",i);                     /* 每天占 4 个字符宽度 */
  if((i + w) % 7 == 0)                   /* 每行打印 7 个数换行 */
   printf("\n");
 }
 if((mon[m] + w) % 7!= 0)               /* 如果该月最后一天不是周六 */
  printf("\n");                          /* 打印完 1 个月换行 */
 return 0;
}
```

【例 6.15】　编程序实现输入一个年份,输出这一年的公历日历。

编程思路:

(1) 欲打印某一年全年的日历,可以在打印某个月日历的基础上,利用循环控制月份从 1 递增到 12。

(2) 对于每一个月,确定该月的 1 日是星期几。

（3）依次在对应的星期位置打印这个月的每一天。

（4）每当打印完一周的最后一天换行，打印完一个月也需要换行。

源程序：

```c
# include < stdio. h>
int main(void)
{
 int y,days;
 int n,m,i,w;
 int mon[13] = {0,31,28,31,30,31,30,31,31,30,31,30,31};    /* 每个月的天数 */
 printf("请输入一个年份");
 scanf(" % d",&y);
 if((y % 4 == 0)&&(y % 100!= 0)||(y % 400 == 0))
  mon[2] = 29;                              /* 若是闰年则修正二月份的天数 */
 n = (y - 1)/4 - (y - 1)/100 + (y - 1)/400;    /* 统计到上一年的闰年个数 */
 days = (y - 1) * 365 + n;                  /* 到上一年年末的总天数 */
 days = days + 1;                           /* 累加上 1 月的第 1 天 */
 printf("         % d年日历\n",y);
 for(m = 1;m < = 12;m++)
 {
  w = days % 7;                             /* 计算星期值 */
  printf("        % d 月\n",m);
  printf(" ========================== \n");
  printf(" 日 一 二 三 四 五 六\n");
  for(i = 1;i < = w;i++)
   printf("     ");                         /* 在 1 日之前打印 4 * w 个空格 */
  for(i = 1;i < = mon[m];i++)               /* mon[m]为 m 月的天数 */
  {
   printf(" % 4d",i);                        /* 每天占 4 个字符宽度 */
   if((i + w) % 7 == 0)                      /* 每行打印 7 个数换行 */
    printf("\n");
  }
  if((mon[m] + w) % 7!= 0)                   /* 如果该月最后一天不是周六 */
   printf("\n");                             /* 打印完 1 个月换行 */
  days = days + mon[m];                      /* 累加上 m 月的天数 */
 }
 return 0;
}
```

【例 6.16】 编程序实现将十进制整数转化为 n 进制（$n < 10$）整数。

编程思路：

（1）根据进制转化的原理，采用除以 n 取余数的方法进行整数部分的转化。

（2）依次将所得余数存入到数组 d 中，每个数组元素存储一个余数。

（3）逆序输出每一位余数，即得转化结果。

源程序：

```c
# include < stdio. h>
int main(void)
{
```

```
unsigned long x;
unsigned n,d[32];
int i;
printf("请输入一个十进制正整数: ");
scanf(" % lu",&x);
printf("请输入进制 n 的值(n<10): ");
scanf(" % u",&n);
i = 0;
while(x>0)
{
 d[i] = x % n;                    /* 除以 n 取余数存入数组 d 中 */
 x = x/n;                         /* 除以 n 取商 */
 i++;
}
i--;                             /* 减去多加的 1 */
printf("转化之后的结果: ");
while(i>=0)                      /* 逆序输出数组 d 中的余数 */
{
 printf(" % u",d[i]);
 i--;
}
return 0;
}
```

【例 6.17】 编程序实现将十进制小数转化为 n 进制($n<10$)小数。

编程思路:

(1) 根据进制转化的原理,采用乘以 n 取整数的方法进行小数的转化。

(2) 依次将所得整数存入到数组 d 中,每个数组元素存储一个整数。

(3) 正序输出每一位整数,即得转化结果。

源程序:

```
# include < stdio. h>
int main(void)
{
 double x;
 unsigned n,d[32];
 int i,j;
 printf("请输入一个十进制纯小数: ");
 scanf(" % lf",&x);
 printf("请输入进制 n 的值(n<10): ");
 scanf(" % u",&n);
 i = 0;
 while(x>0)
 {
  x = x * n;                      /* 乘以 n */
  d[i] = (int)x;                  /* 取整数部分存入数组 d 中 */
  x = x - d[i];                   /* 减去整数部分,保留小数部分 */
  if(i>=31)                       /* 若转化位数达到 32 位,则中止转化 */
   break;
  i++;
 }
```

```
printf("转化之后的结果: ");
printf("0.");                              /* 输出 0 和小数点 */
for(j = 0;j <= i - 1;j++)                  /* 正序输出数组 d 中的每位数 */
  printf("%u",d[j]);
return 0;
}
```

【例 6.18】　编程序实现将十进制数转化为 n 进制($n < 10$)数。

编程思路:

(1) 将输入的十进制数分解为整数部分与小数部分。

(2) 分别将整数部分与小数部分转化为 n 进制数。

(3) 输出转化结果。

源程序:

```
# include < stdio. h >
int main(void)
{
 double x,x1;
 long x0;
 unsigned n,d[32];
 int i,j;
 printf("请输入一个十进制实数: ");
 scanf("%lf",&x);
 printf("请输入进制 n 的值(n < 10): ");
 scanf("%u",&n);
 x0 = (long)x;                             /* 整数部分 */
 x1 = x - x0;                              /* 小数部分 */
 i = 0;
 while(x0 > 0)
 {
  d[i] = x0 % n;                           /* 除以 n 取余数存入数组 d 中 */
  x0 = x0/n;                               /* 除以 n 取商 */
  i++;
 }
 i--;                                       /* 减去多加的 1 */
 printf("转化之后的结果: ");
 while(i >= 0)                              /* 逆序输出数组 d 中的余数 */
 {
  printf("%u",d[i]);
  i--;
 }
 i = 0;
 while(x1 > 0)
 {
  x1 = x1 * n;                             /* 乘以 n */
  d[i] = (int)x1;                          /* 取整数部分存入数组 d 中 */
  x1 = x1 - d[i];                          /* 减去整数部分,保留小数部分 */
  if(i >= 31)                              /* 若转化位数达到 32 位,则中止转化 */
  break;
  i++;
```

```
    }
    printf(".");                        /* 输出小数点 */
    for(j = 0;j < = i - 1;j++)           /* 正序输出数组 d 中的每位数 */
    printf(" % u",d[j]);
    return 0;
}
```

第7章

指　针

指针是 C 语言中最具特色的部分,具有功能异常强大和用法极其灵活的特点。一方面,利用指针可以编写出既简洁又高效的程序;另一方面,过于灵活的指针功能也会带来一些副作用。

7.1　变量的指针

为了理解指针的概念,我们先来看一下数据在内存中是如何存储的。在一个程序运行之前,需要首先将程序的代码和数据存入到计算机内存中。为便于管理,通常将内存划分为一个个的内存单元,在当今的计算机中一般以一个字节作为一个内存单元。同时,给每个内存单元分配一个编号,称为内存单元的地址。

7.1.1　指针的概念

C 语言程序中的数据,在内存中所占用内存单元的个数是由其类型决定的。例如,int 型数据占用 4 个内存单元,char 型数据占用 1 个内存单元。由于每个内存单元都有一个地址,那么应该用哪个地址作为变量的地址呢? 为使用方便,C 语言规定将一个变量所占用内存单元区的首地址,称为该变量的地址。

例如,若有如下变量定义:

```
int a;
char ch;
```

假设 C 语言编译系统对这两个变量的内存分配情况如图 7.1(a)所示,那么,我们就说变量 a 的地址是 2009,变量 ch 的地址是 2013。

只要为变量分配了内存单元,对变量的操作实质上就是对其内存单元的操作。

例如:

```
a = 100;
ch = 'A';
```

这两条赋值语句实现的功能,就是将整数 100 存入到地址 2009 开始的 4 个内存单元中,将字符常量'A'存入到地址 2013 对应的 1 个内存单元中,如图 7.1(b)所示。

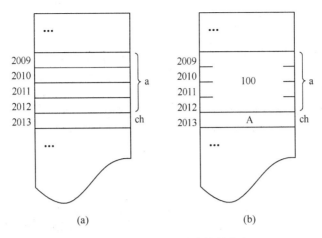

图 7.1　变量的地址及变量的内容

那么,什么是指针呢? 一个变量的指针其实就是这个变量的地址。只不过指针这个名称,在某些场合显得更加形象一些。

7.1.2　指针变量

在 C 语言中,一般变量中存储的是普通的数据。还有一种变量专门用来存储另外一个变量的地址(即指针),这种变量就称为指针变量。

如果在一个指针变量中存储了另一个变量的地址,我们就形象地说该指针变量指向了这个变量。

7.1.3　指针变量的定义

指针变量也必须先定义后使用,定义指针变量的一般形式为:

类型说明符 *变量名;

其中,"*"表明这是一个指针变量;类型说明符是这个指针变量所指向的变量的数据类型。

例如:

```
int *p;
float *q;
```

这里定义了一个指向 int 型变量的指针变量 p,它只能存储一个 int 型变量的地址;还定义了一个指向 float 型变量的指针变量 q,它只能存储一个 float 型变量的地址。

7.2　变量的间接引用

在 C 语言中,如何将一个变量的地址存入到一个指针变量中,又如何通过一个指针变量来访问它所指向的变量呢? 这就要用到两种与指针操作密切相关的运算符:"&"和"*"。

7.2.1 取地址运算符"&"

运算符"&"用于得到一个变量的地址。其一般引用形式为：

& 变量名

该运算符的运算结果就是紧随其后的那个变量的内存地址。

【例 7.1】 获取变量的地址示例。

```
# include < stdio. h >
int main(void)
{int i, * q;
 q = &i;                         /* 将变量 i 的地址赋给指针变量 q */
 printf("q = % p\n",q);          /*  % p 用于以十六进制形式输出地址值  */
 return 0;
}
```

程序运行结果为：

q = 0012FF7C

需要注意,该程序的运行结果并不是固定不变的,因为变量 i 的
内存空间是由编译系统随机分配的。

程序的效果如图 7.2 所示。

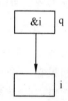

7.2.2 间接引用运算符" * "

间接引用运算符也称作指针运算符,其一般使用形式为：

图 7.2 "&"运算符的使用

* 指针变量名

其功能是间接地引用紧随其后的指针变量所指向的变量。

图 7.3 " * "运算符的使用

例如：

```
int i, * p;
p = &i;
 * p = 100;
```

如图 7.3 所示,这里的 * p 代表指针变量 p 所指向的变量,
即变量 i；因此这里的 * p＝100 与 i＝100 是等价的。

由此可见,对变量的访问有以下两种引用方式。

1. 直接引用

直接引用即通过一个变量的变量名本身直接访问它。

例如：

i = 10;

2. 间接引用

间接引用即通过一个指针变量对另一个变量进行间接访问。

例如：

```
* p = 100;
```

【例 7.2】 从键盘输入两个整数并存入到两个变量中，求出其中的较大数并输出。要求采用间接引用的形式访问这两个变量。

编程思路：

欲采用间接引用方式访问两个整型变量，需首先定义两个指针变量，并使之分别指向这两个整型变量。

源程序一：

```
# include < stdio. h >
int main(void)
{
 int a, b,max, * p, * q;
 printf("请输入两个整数：");
 scanf(" % d % d",&a,&b);
 p = &a;
 q = &b;
 if( * p > = * q)
  max = * p;
 else
  max = * q;
 printf("较大数 = % d\n",max);
 return 0;
}
```

源程序二：

```
# include < stdio. h >
int main(void)
{
 int a, b,max, * p, * q;
 p = &a;
 q = &b;
 printf("请输入两个整数：");
 scanf(" % d % d",p,q);
 if( * p > = * q)
  max = * p;
 else
  max = * q;
 printf("较大数 = % d\n",max);
 return 0;
}
```

在该程序中采用间接引用的形式有什么优势吗？其实并没有，此例只是用来说明如何采用间接引用的形式来访问变量。指针的优势主要体现在后面几章的字符串处理和跨函数间接引用等方面。

7.2.3　指针变量的初始化

在定义一个指针变量的同时给它赋值,称为指针变量的初始化。
例如:

int a, * p = &a;

要特别注意,上述语句的功能等价于以下这两条语句:

int i, * p;
p = &i;　　　　　　　　　　　　　　　/ * 使得 p 指向变量 i * /

而不是以下这两条语句:

int i, * p;
* p = &i;　　　　　　　　　　　　　　/ * 不是使得 * p 指向变量 i * /

这就是 C 语言的特点,有时候过于灵活与简洁往往容易产生歧义。

7.2.4　几点说明

(1) 通过指针变量进行间接引用时,只能引用在当前程序中已分配的内存空间(比如某个已定义的变量)。未经赋值的指针变量不能进行间接引用,因为这种指针指向随机地址的内存单元,因此有可能造成内存数据的覆盖,甚至系统崩溃。

【错例】

```
# include < stdio. h >
int main(void)
{
 int * p;
 * p = 100;                        / * 指针变量 p 未经赋值 * /
 printf(" * p = % d\n", * p);
 return 0;
}
```

该程序运行时,将会显示应用程序错误提示,如图 7.4 所示。

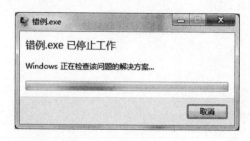

图 7.4　应用程序错误提示

造成错误的原因是此处的指针变量 p 未经赋值,其值是一个随机的地址值,所以 * p 代表的就是一组地址不确定的内存单元;如果这些内存单元中存在有效数据,那么执行 * p =

100;之后,将会造成这些有效数据的破坏。

（2）在 C 语言中,内存单元是由编译系统负责管理和分配的。用户并不知道哪些内存单元是空闲可用的,因此不能由用户直接分配指定的内存单元。

【错例】

```
# include < stdio. h >
int main(void)
{
 int  * p;
 p = 2000;                          /* 不能直接用整数给指针变量赋值 */
 * p = 100;                         /* 不能分配指定的内存单元 */
 printf(" * p = % d\n", * p);
 return 0;
}
```

该程序运行时,同样将会显示如图 7.4 所示的错误提示。这是因为该程序运行时,如果从 2000 开始的 4 个内存单元恰好是内存中的有效数据区,那么执行 * p＝100 之后,将会造成这 4 个内存单元中有效数据的破坏。

（3）空指针是不指向任何内存单元的指针,以保留标识符 NULL 表示。

（4）当间接引用运算符与其他运算符同时使用时,要注意区分它们的优先级与结合性。

例如,表达式 y＝ * p＋＋等价于 y＝ * (p＋＋),因为后自增的优先级高于间接引用运算符;而表达式 y＝＋＋ * p 则等价于 y＝＋＋(* p),因为前自增的优先级等同于间接引用运算符,故变量 p 首先与相邻的运算符结合。

7.3　指针与一维数组

在 C 语言中,数组与指针的关系非常密切,可以说凡是用数组解决的问题都可以用指针解决。那么,如何通过指针来访问一个数组的元素呢?

7.3.1　指向一维数组元素的指针

前面介绍了指向变量的指针,那么有没有指向数组元素的指针呢? 答案是肯定的。因为从本质上来说,一维数组的元素也是一个变量,因此完全可以定义指向一维数组元素的指针。

例如:

```
int a[10], * p, * q;
p = &a[0];
q = &a[3];
```

这里 p 是指向数组元素 a[0]的指针,q 是指向数组元素 a[3]的指针,如图 7.5 所示。

这种数组元素地址的表示略显繁琐,为了使用方便,C 语言规定:可以用一个一维数组的数组名来代表这个数组中 0 号元素的地址。

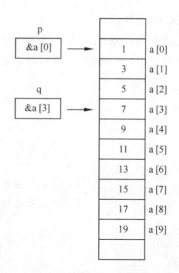

图 7.5　指针变量指向一维数组的元素

例如,若有 int a[10], ＊p;,则 p=a;等价于 p=&a[0];,因为这里的 a 就代表了 a[0] 的地址。

7.3.2　通过指针引用一维数组元素

有了指向数组元素的指针,如何通过指针来引用一维数组的元素呢?

这里需要先明确一个问题,若有如下语句:

```
int a[10], * p;
p = a;
```

则指针变量 p 指向数组元素 a[0] 的第一个单元,那么,p+1 将会指向哪一个内存单元呢?

C 语言规定,若指针变量 p 指向一维数组中的某个元素,那么 p+1 将指向该数组中的下一个元素,而不论每个数组元素占用几个内存单元。

由此,可以得到如下几条推论:

(1) 如果 a 是一个一维数组,那么 a+i 就是数组元素 a[i] 的地址(等价于 &a[i]);从而 ＊(a+i) 就代表数组元素 a[i]。

(2) 如果 a 是一个一维数组,而指针变量 p 指向 a[0],那么 p+i 就是数组元素 a[i] 的地址(等价于 &a[i]);从而 ＊(p+i) 就代表数组元素 a[i]。

一维数组元素的间接访问如图 7.6 所示。

有了以上规定和推论,就可以利用指针来间接引用一维数组的元素了。

【例 7.3】 从键盘输入 10 个数,求出其中的最大数并输出。要求使用数组名和指针运算符引用数组元素。

源程序:

```
# include < stdio. h >
int main(void)
{
 int a[10],max,i;
```

```
  printf("请输入 10 个整数：");
  for(i = 0;i <= 9;i++)
    scanf("% d",a + i);                    /* 等价于 scanf("% d",&a[i]); */
  max = * a;                               /* 等价于 max = a[0]); */
  for(i = 1;i <= 9;i++)
  {
     if( * (a + i)> max)                   /* 等价于 if(a[i]> max) */
     max = * (a + i);                      /* 等价于 max = a[i]); */
  }
  printf("最大数 = % d\n",max);
  return 0;
}
```

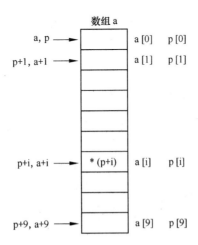

图 7.6 一维数组元素的间接访问

【例 7.4】 从键盘输入 10 个数，求出其中的最大数并输出。要求使用指针变量引用数组元素。

源程序：

```
# include < stdio. h>
int main(void)
{
 int a[10],max,i, * p = a;
 printf("请输入 10 个整数：");
 for(i = 0;i <= 9;i++)
   scanf("% d",p + i);                    /* 等价于 scanf("% d",&a[i]); */
 max = * p;                               /* 等价于 max = a[0]; */
 for(i = 1;i <= 9;i++)
 {
    if( * (p + i)> max)                    /* 等价于 if(a[i]> max) */
    max = * (p + i);                       /* 等价于 max = a[i]; */
 }
 printf("最大数 = % d\n",max);
 return 0;
}
```

说明：

（1）在该程序中，为了访问不同的数组元素，改变的不是指针变量 p 的值，而是整型变量 i 的值。

（2）在该程序中，虽然 p 是一个指针变量而不是一个数组，但是 C 语言却允许将指针形式的 *(p+i) 表示为数组元素形式的 p[i]。

【例 7.5】　从键盘输入 10 个数，求出其中的最大数并输出。要求利用指针变量自身的变化来引用不同的数组元素。

编程思路：

（1）先用顺序结构实现 10 个数组元素的输入和输出。

```
scanf("%d",a);
scanf("%d",a+1);
scanf("%d",a+2);
scanf("%d",a+3);
…
scanf("%d",a+9);
```

（2）再将以上 10 条语句归纳为一个单重循环。

```
for(p=a;p<=a+9;p++)
  scanf("%d",p);
```

（3）先用顺序结构实现 9 次比较。

```
if(*(a+1)>max)
   max=*(a+1);
if(*(a+2)>max)
   max=*(a+2);
…
if(*(a+9)>max)
   max=*(a+9);
```

（4）再将以上 9 条语句归纳为一个单重循环。

```
for(p=a+1;p<=a+9;p++)
 {
   if(*p>max)
   max=*p;
 }
```

源程序：

```
#include<stdio.h>
int main(void)
{
 int a[10],max,*p;
 printf("请输入 10 个整数: ");
 for(p=a;p<=a+9;p++)                  /* p 依次指向 a[0]到 a[9] */
  scanf("%d",p);
 max=*a;                             /* 此时 p 的值等于 a+10,因此不能直接用*p 代表 a[0] */
```

```
   for(p = a + 1;p <= a + 9;p++)                    /* p依次指向 a[1]到 a[9] */
   {
      if( * p > max)
      max = * p;
   }
   printf("最大数 = % d\n",max);
   return 0;
}
```

同样的问题,在此程序中利用指针来间接引用数组的元素有什么优势吗? 其实并没有。指针引用数组元素的优势主要体现在字符串处理方面。

说明：

(1) 数组和指针变量是否可以完全互换呢? 当然不是。其实数组名是指针常量,而非指针变量,因为它始终指向数组的 0 号元素。

例如,若有 int a[10], * p; p = a;,则 a 为指针常量,p 为指针变量。故 p = p+1 正确,而 a = a+1 是错误的(不能对指针常量赋值)。

(2) 两个相同类型(通常是指向同一个数组的不同元素)的指针可以相减、相比较,但不能相加。

例如：

```
int a[10], * p, * q;
p = &a[0];
q = &a[3];
```

则 q-p 的结果为 3。

7.4　拓展：指针与二维数组

7.4.1　指向二维数组元素和行的指针

(1) 在 C 语言中,二维数组中的一行可以看作一个一维数组。例如,若有二维数组 int a[3][4],则其第 i 行的所有元素 a[i][0]、a[i][1]、a[i][2]和 a[i][3],可以看作一个一维数组,而 a[i]就是其数组名。(此乃关于二维数组的辩证法之一)

由此可以得出如下几条推论：

① 既然 a[i]是第 i 行的数组名,那么 a[i]就是第 i 行 0 号元素 a[i][0]的地址；

② 而 a[i]+j 就是数组元素 a[i][j]的地址；

③ 从而 * (a[i]+j)也就是数组元素 a[i][j]。

【例 7.6】　分行输出二维数组所有元素的值,要求使用二维数组各行的数组名引用数组元素。

源程序：

```
# include < stdio. h>
int main(void)
{
```

```
int a[3][4] = {0,1,2,3,4,5,6,7,8,9,10,11};
int i,j;
for(i = 0;i < 3;i++)
{
  for(j = 0;j < 4;j++)
    printf(" % 4d", * (a[i] + j));
  printf("\n");
}
return 0;
}
```

（2）从另一个角度来说，若将二维数组中的一行看作一个数组元素，那么整个二维数组 a 将变成一个只有三个元素的一维数组，这三个元素分别是 a[0]、a[1]和 a[2]。（此乃关于二维数组的辩证法之二）

由此可以得出如下几条推论：

① 该一维数组的数组名 a，就是其 0 号元素 a[0]（即二维数组的第 0 行）的地址；

② 而 a+i 就是元素 a[i]（即二维数组的第 i 行）的地址，从而 * (a+i)等价于 a[i]；

③ 因为 a[i]是第 i 行 0 号元素 a[i][0]的地址，因此 * (a+i)也是第 i 行 0 号元素 a[i][0]的地址；

④ 而 * (a+i)+j 就是数组元素 a[i][j]的地址；

⑤ 从而 * (* (a+i)+j)也就是数组元素 a[i][j]。

上述指针对应关系如图 7.7 所示。

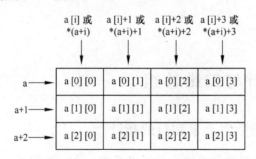

图 7.7　二维数组的指针

说明：

（1）这里的 a 和 a+i 都是指向二维数组中某一行的指针，称为行指针。将行指针的值加 1 则指向下一行。

（2）这里的 a[i]、a[i]+j、* (a+i)和 * (a+i)+j 都是指向二维数组中某个元素的指针，称为元素指针。将元素指针的值加 1 则指向下一个元素。

【例 7.7】 分行输出二维数组所有元素的值。要求使用二维数组的数组名引用数组元素。

源程序：

```
# include < stdio. h >
int main(void)
{
```

```
int a[3][4] = {0,1,2,3,4,5,6,7,8,9,10,11};
int i,j;
for(i = 0;i < 3;i++)
{
 for(j = 0;j < 4;j++)
   printf(" % 4d", * ( * (a + i) + j));
 printf("\n");
}
return 0;
}
```

7.4.2　行指针变量

行指针变量是用于存储二维数组中的行地址的变量。行指针也被称为指向一维数组的指针,但是它通常用于指向二维数组中的一行,而极少用于指向某个单独的一维数组,因此称之为行指针更贴切。

定义行指针变量的一般形式为:

类型说明符 (* 变量名)[行长度];

其中,类型说明符是二维数组中元素的类型;行长度表示一行的长度,也就是二维数组的列数。

例如:

int (* p)[4];

该语句定义了一个行指针变量 p,该指针变量只能用于指向每行有 4 列 int 型元素的二维数组中的某一行。

需要注意,定义行指针变量时,变量名两边的括号不可少。若无括号,则表示定义指针数组,意义完全不同。

【例 7.8】　使用行指针变量输出二维数组中所有元素的值。

源程序:

```
# include < stdio. h >
int main(void)
{
 int a[3][4] = {0,1,2,3,4,5,6,7,8,9,10,11},i,j;
 int ( * p)[4];                      /* 定义行指针变量 p */
 p = a;                             /* 行指针变量 p 指向二维数组 a 的第 0 行 */
 for(i = 0;i < 3;i++)
 {
  for(j = 0;j < 4;j++)
    printf(" % 4d", * ( * (p + i) + j));     /*  * (p + i) + j 指向 a[i][j]  */
  printf("\n");
 }
 return 0;
}
```

可见,本程序与例 7.7 很相似,只是将数组名 a 换成了指针变量 p。这里的 a 是行指针常量,而 p 是行指针变量。

由于采用指针间接引用二维数组元素的形式,相对于普通的数组元素形式并无优势,因此在实际编程中较少使用。

7.5 拓展:指针数组与二重指针

7.5.1 指针数组

指针数组是由一组类型相同的指针变量构成的数组。

定义指针数组的一般形式为:

类型说明符 * 数组名[数组长度];

例如:

int * p[3];

该语句定义了一个包含 3 个元素的指针数组 p,它的每个元素都是一个指向 int 型数据的指针变量。

【例 7.9】 使用指针数组分行输出二维数组中所有元素的值。

源程序:

```c
# include < stdio. h >
int main(void)
{
 int a[3][4] = {0,1,2,3,4,5,6,7,8,9,10,11};
 int * p[3] = {a[0],a[1],a[2]};
 int i,j;
 for(i = 0;i < 3;i++)
 {
  for(j = 0;j < 4;j++)
   printf(" % 4d", * (p[i] + j));
  printf("\n");
 }
 return 0;
}
```

本程序中的 p 是一个指针数组,它的 3 个元素 p[0]、p[1] 和 p[2] 分别指向二维数组 a 中各行的 0 号元素,如图 7.8 所示。

7.5.2 二重指针

如果在一个指针变量中存储了另一个指针变量的地址,则称之为二重指针变量(也称为指向指针的指针变量),如图 7.9 所示。

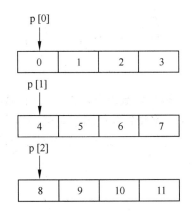

图 7.8 指针数组 p 中各元素的指向

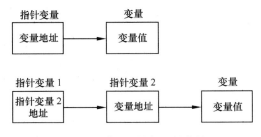

图 7.9 单重指针与二重指针

二重指针变量定义的一般形式为：

类型说明符 ** 变量名；

【例 7.10】 二重指针示例。
源程序：

```
# include < stdio.h>
int main(void)
{
 int i, * p = &i, ** q = &p;
 i = 10;
 printf(" % d, % d, % d\n", i, * p, ** q);
 * p = 100;
 printf(" % d, % d, % d\n", i, * p, ** q);
 ** q = 200;
 printf(" % d, % d, % d\n", i, * p, ** q);
 return 0;
}
```

程序运行结果：

```
10,10,10
100,100,100
200,200,200
```

在该程序中的变量 q 就是一个指向指针的指针变量，它存储了指针变量 p 的地址。三个变量间的指向关系如图 7.10 所示。

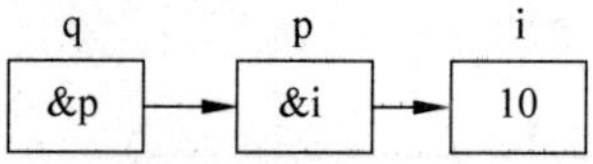

图 7.10　二重指针

　　实际上,二维数组名、行指针和指针数组名也都是指向指针的指针。

　　例如,若有 int ＊ p[3],＊＊ q;,则指针数组名 p 是指向数组元素 p[0]的指针,而 p[0]本身是指向 int 型数据的指针,因而数组名 p 就是一个指向指针的指针。

　　因此,下面的赋值是正确的:

```
q = p;
q = p + 1;
```

第8章

字符与字符串处理

有时需要处理一些单个的字符或者字符的序列,C 语言通过字符型数据和字符串常量来表示这两类数据。

8.1 字符型数据的使用

在第 2 章中介绍了字符型常量和字符型变量,这里讲述字符型数据的使用。

8.1.1 字符型数据的输入与输出

C 语言中有两个专门用于输入与输出字符型数据的库函数 getchar 和 putchar。同时,也可以利用 scanf 函数和 printf 函数输入和输出字符型数据。

1. 字符输出函数(putchar 函数)

putchar 函数的功能是向标准输出设备输出一个字符。

其一般形式为:

putchar(字符型数据)

【例 8.1】 用 putchar 函数输出字符型数据。

```
# include < stdio. h>
int main(void)
{char ch = 'x';
 putchar(ch);
 putchar('a');
 putchar('\n');
 return 0;
}
```

2. 字符输入函数(getchar 函数)

getchar 函数的功能是从标准输入设备输入一个字符,并将该字符作为函数的返回值。

其一般形式为:

getchar()

【**例 8.2**】　字符型数据的输入与输出。

```
# include < stdio. h >
int main(void)
{
 char ch;
 ch = getchar();
 putchar(ch);
 putchar('\n');
 return 0;
}
```

3. 字符的格式输入与格式输出

可以利用 scanf 函数进行字符的格式输入,利用 printf 函数进行字符的格式输出,相应的格式字符均为%c。

【**例 8.3**】　字符的格式输入与格式输出示例。

```
# include < stdio. h >
int main(void)
{
 int a;
 char c1,c2;
 scanf("%d%c%c",&a, &c1,&c2);
 printf("a = %d,c1 = %c,c2 = %c\n",a,c1,c2);
 return 0;
}
```

该程序运行时,若输入 100 ␣ x ␣ y,则运行结果为:

a = 100,c1 =   ,c2 = x

若输入 100xy,则运行结果为:

a = 100,c1 = x,c2 = y

可见,用%c 格式符输入字符型数据时,每个字符之前不需要添加分隔符。

8.1.2　字符型数据与整型数据的混合运算

为了便于字符型数据的处理,C 语言规定字符型数据可以与整型数据进行混合运算。由于字符型数据可以当作整数来用,故字符型数据又可以分为无符号字符型和有符号字符型。

无符号字符型 unsigned char:取值范围为 0~255。

有符号字符型[signed] char:取值范围为−128~+127。

【**例 8.4**】　将整数赋给字符型变量。

```
# include < stdio. h >
int main(void)
{
 char ch;
```

```
ch = 97;
printf("%c\n",ch);
printf("%d\n",ch);
return 0;
}
```

运行结果为：

```
a
97
```

此程序中的 ch 为字符型变量，当将整数 97 赋给 ch 时，ch 中存储的是 97 的二进制形式 01100001，与字符'a'的二进制 ASCII 码相同。故以"%c"格式符输出时，将输出字符 a；而以"%d"格式符输出时，将输出其十进制 ASCII 码值 97。

【例 8.5】 从键盘输入一行字符，将其中的每个字符按如下规则进行变换：若是大写字母，则转换为相应的小写字母；若是小写字母，则转换为相应的大写字母；否则，保持不变。

编程思路：

（1）可以使用逻辑表达式(ch>='A')&&(ch<='Z')判断变量 ch 中的字符是否是大写字母，使用逻辑表达式(ch>='a')&&(ch<='z')判断变量 ch 中的字符是否是小写字母。

（2）可以将一个字符型数据直接与整数相加减，本质上是将字符的 ASCII 码作为一个整数使用。

首先写出转换一个字符的程序。

源程序一：

```
#include <stdio.h>
int main(void)
{
 char ch;
 printf("请输入一个字符：");
 ch = getchar();
 if(ch>='A'&&ch<='Z')
  ch = ch + 32;
 else if(ch>='a'&&ch<='z')
  ch = ch - 32;
 printf("转换后的字符 = %c\n",ch);
 return 0;
}
```

一个大写字母的 ASCII 码加上 32 恰好等于相应的小写字母的 ASCII 码，而一个小写字母的 ASCII 码减去 32 恰好等于相应的大写字母的 ASCII 码。可见，利用字符型数据可以与整型数据混合运算的特点，能够很方便地实现字母的大小写转换。

要转换一行字符，只需要在上述程序的基础上添加一个循环即可。

源程序二：

```
#include <stdio.h>
int main(void)
```

```
{
 char ch;
 printf("请输入一行字符：");
 ch = getchar();
 while(ch!= '\n')
 {if(ch > = 'A'&&ch < = 'Z')
   ch = ch + 32;
  else if(ch > = 'a'&&ch < = 'z')
   ch = ch - 32;
  putchar(ch);
  ch = getchar();
 }
 return 0;
}
```

可以将输入字符的语句合并到 while 条件中，从而得到如下程序。

源程序三：

```
#include < stdio. h >
int main(void)
{
 char ch;
 printf("请输入一行字符：");
 while((ch = getchar())!= '\n')
 {
  if(ch > = 'A'&&ch < = 'Z')
   ch = ch + 32;
  else if(ch > = 'a'&&ch < = 'z')
   ch = ch - 32;
  putchar(ch);
 }
 return 0;
}
```

需要注意，在表达式(ch=getchar())! = '\n'中，ch=getchar()必须用括号括起来。若写成 ch = getchar()! = '\n'，则由于! = 的优先级高于赋值运算符，从而等价于 ch = (getchar()! = '\n')，含义将完全不同。

想一想，若将 ch=getchar()换成 scanf("%c",&ch)，为什么不适合采用 while(scanf("%c",&ch)! = '\n')这种形式呢？函数 scanf("%c",&ch)的返回值就是所输入的字符吗？

8.1.3　字符处理函数

为了便于对字符的处理，C 语言提供了一组专门用于字符处理的库函数，在程序中调用这些库函数时，需要在程序开头添加预处理命令 #include < ctype. h >。

1. isalpha 函数

其调用格式为：

```
isalpha(ch)
```

若字符 ch 是字母,则该函数返回值为非 0;否则,返回值为 0。

2．islower 函数

其调用格式为:

islower(ch)

若字符 ch 是小写字母,则该函数返回值为非 0;否则,返回值为 0。

3．isupper 函数

其调用格式为:

isupper(ch)

若字符 ch 是大写字母,则该函数返回值为非 0;否则,返回值为 0。

4．isdigit 函数

其调用格式为:

isdigit(ch)

若字符 ch 是数字,则该函数返回值为非 0;否则,返回值为 0。

5．isalnum 函数

其调用格式为:

isalnum(ch)

若字符 ch 是字母或数字,则该函数返回值为非 0;否则,返回值为 0。

8.2 字符串的存储与引用

8.2.1 字符串在内存中的存储形式

在 C 语言程序中,总是用一对双引号将字符串常量括起来,这里的双引号称为字符串的定界符,其作用是表示字符串的起始和终止位置。但是,将一个字符串常量存储到内存中时,并不存储作为字符串定界符的双引号。既然如此,在内存中如何表示字符串的起始和终止位置呢?其实,要确定一个字符串的起始位置很容易,这在稍后的论述中可以看到;而要确定一个字符串的终止位置,则必须添加特殊的标志才能表示出来。

为此,C 语言规定:在内存中存储字符串常量时,必须在其末尾添加空字符 '\0'(即 ASCII 码为 0 的字符)作为字符串结束标志。当系统将一个字符串常量存入内存时,会自动为它添加结束标志。

例如,字符串常量"Hello"在内存中的存储形式如图 8.1 所示。

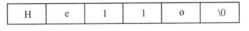

H	e	l	l	o	\0

图 8.1 字符串的存储形式

8.2.2　用字符数组存储和引用字符串

C语言中有字符串常量,但是并没有与之对应的字符串变量。既然如此,在程序中字符串常量是如何存储的呢? 在C语言中,通常利用字符型数组来存储和处理字符串。除此之外,也可以利用字符型指针来处理字符串。

在C语言中,一般使用字符数组来存储字符串。一个长度为n的一维字符数组,只能存储一个不超过n−1个字符的字符串;而一个m行n列的二维字符数组,则可以存储m个长度不超过n−1个字符的字符串。

如何将一个字符串存入字符数组中呢? 最简单的方法,就是在定义字符数组的同时,将字符串存入字符数组中,这就是字符数组的初始化。

1. 以单个字符的形式初始化字符数组

例如:

```
char s[10] = {'G','o','o','d'};
```

此时,若字符个数少于数组元素个数,则多余的数组元素会自动初始化为空字符'\0'。这种初始化方式颇为繁琐,所以在实际编程中较少使用。

2. 以字符串的形式初始化字符数组

例如:

```
char s[20] = "Good bye";
chart[3][20] = {"Hello","How are you","Good bye"};
```

很显然,这种初始化方式要简洁方便得多。不过,需要注意下列赋值语句是错误的。

```
char s[20];
s = "Good bye";
```

因为数组名s是一个指针常量,而常量是不能被赋值的,因此不能直接对数组名进行赋值。

3. 不指定数组长度初始化字符数组

例如:

```
char s[] = {'G','o','o','d'};
```

以单个字符形式初始化字符数组,同时缺省数组长度时,系统不会在末尾自动添加空字符'\0',因此字符数组s中有4个元素。

再如:

```
char t[] = "Good";
```

以字符串形式初始化字符数组时,系统会在末尾自动添加空字符'\0',因此字符数组t中有5个元素。

由此可见,在程序中以字符串常量形式出现的,其末尾就隐含了一个空字符'\0';而以字符常量形式出现的,末尾就不隐含空字符。那么,字符数组s和字符数组t在程序中使用时会有什么不同呢？请对比如下两段程序的运行结果。

源程序一：

```
# include < stdio. h >
int main(void)
{char t[] = "Good";
 printf(" % s\n",t);
 return 0;
}
```

其运行结果为：

Good

源程序二：

```
# include < stdio. h >
int main(void)
{
 char s[] = {'G','o','o','d'};
 printf(" % s\n",s);
 return 0;
}
```

其运行结果如图8.2所示。

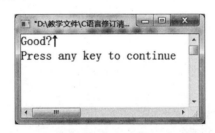

图 8.2　未添加'\0'的字符数组的输出结果

为什么会出现这样的结果呢？这是因为数组 s 中的字符序列 good 之后并没有自动添加空字符'\0'，导致系统继续向后查找，直至偶然遇到一个'\0'为止；从而误将介于 good 和 '\0'之间的字符看作字符串的有效内容了。

因此，如果字符数组中一组字符的末尾没有空字符'\0'，那么就不能将该字符数组的内容作为一个字符串处理，而只能作为一组字符处理。

4. 用字符数组名引用字符串

将一个字符串存入字符数组后，就可以在程序中通过字符数组名来引用这个字符串了。当然，也可以通过数组元素来引用这个字符串中的某个字符。

例如：

```
# include < stdio. h >
int main(void)
{
 char t[20] = "Good bye";
```

```
t[5] = 'B';
printf(" % s\n",t);                          / * 用数组名引用字符串 * /
printf(" % c\n",t[5]);                        / * 用数组元素引用单个字符 * /
return 0;
}
```

可见,可以通过给字符数组元素赋值的方式,修改字符数组中的字符串。

【例 8.6】 编程序实现如下功能,从键盘上输入一位数字,将其转换为相应的汉字大写数字输出。

编程思路:

(1) 为便于字符转化,可先将 10 个汉字存入到一个字符数组中。

(2) 若将 10 个汉字作为一个字符串,存入到一个一维字符数组中,即采用 char up[21] = "零壹贰叁肆伍陆柒捌玖";这种形式,则从其中提取某个汉字时不太方便。

(3) 若将 10 个汉字作为 10 个字符串,存入到一个二维字符数组中,操作起来就方便多了。

算法设计:

(1) 首先,将 10 个汉字存入到一个 10 行 3 列的二维字符数组中,每行存储一个汉字,此时,其行号恰好就是对应的数字。

(2) 在转化时,直接以输入的数字作为行号,而对应行的字符串就是要转化的大写形式。

源程序:

```
# include < stdio. h >
int main(void)
{
 int n;
 char up[10][3] = {"零","壹","贰","叁","肆","伍","陆","柒","捌","玖"};
          / * 每个汉字看作两个字符,不能作为字符常量 * /
 printf("请输入一位数字: \n");
 scanf(" % d",&n);
 printf(" % s\n",up[n]);
 return 0;
}
```

想一想,若要完成一个多位数的转化,应该如何编程序实现呢?

8.2.3 用字符指针变量引用字符串

在 C 语言中,除了可以利用字符型数组来存储和引用字符串之外,还可以利用字符指针变量来引用字符串,前提是该字符指针变量已经指向了待引用的字符串。

1. 字符指针指向字符串

使得字符指针变量指向一个字符串,通常有以下两种方式:

(1) 字符指针变量赋值方式

例如:

```
char * p;
p = "How are you!";
```

相当于

```
const char s[13] = "How are you!";
char * p;
p = s;
```

（2）字符指针变量初始化方式

例如：

```
char * p = "How are you!";
```

相当于

```
const char s[13] = "How are you!";
char * p = s;
```

需要注意，C语言中的字符串常量相当于一个无名的只读字符数组。因此，这里的赋值或初始化，并不表示将整个字符串存入到字符指针变量中；其正确的含义，是将该字符串中首字符的地址赋给指针变量p。因为p是字符指针变量，因此只能存储一个字符的地址值。

2. 字符指针引用字符串

将一个字符指针变量指向一个字符串后，就可以在程序中通过字符指针变量名来引用这个字符串了。当然，也可以通过字符指针变量来间接引用这个字符串中的某个字符。

例如：

```
# include < stdio. h >
int main(void)
{
 char * p;
 p = "How are you!";
 printf(" % s\n",p);                  / * 用指针变量名引用字符串 * /
 printf(" % c\n", * (p + 4));         / * 用指针变量间接引用单个字符 * /
 * (p + 4) = 'A';                     / * 该语句有错 * /
 printf(" % c\n", * (p + 4));
 return 0;
}
```

可见，不能通过字符指针修改字符串常量的内容，因为常量的值不可以改变。存储在字符数组中的字符串可以修改，因为字符数组的元素是变量。

【例8.7】 编程序用字符指针实现如下功能，从键盘输入一位数字，将其转换为相应的汉字大写数字输出。

编程思路：

（1）定义一个具有10个元素的字符指针数组，并使得字符指针数组中的每个元素指向一个只有一个汉字的字符串。此时，指针数组元素的下标恰好就是对应的数字。

（2）在转化时，直接以输入的数字作为指针数组元素的下标，而对应的字符串就是要转化的大写形式。

源程序：

```
# include < stdio. h >
int main(void)
{
 int n;
 char * up[10] = {"零","壹","贰","叁","肆","伍","陆","柒","捌","玖"};
         /*字符指针数组中的每个元素指向一个只有一个汉字的字符串*/
 printf("请输入一位数字: \n");
 scanf("%d",&n);
 printf("%s\n",up[n]);
 return 0;
}
```

8.3 字符串的输入和输出

在程序中,对于字符串最常用的操作应该就是输入与输出了。C 语言中,主要利用 printf 函数和 puts 函数来输出字符串,主要利用 scanf 函数和 gets 函数来输入字符串。

8.3.1 用 printf 函数输出字符串

其一般形式为:

```
printf("%s",字符串引用)
```

其中,字符串引用可以是字符串常量、字符数组名或字符指针变量(甚至是字符指针的表达式)。

例如:

```
printf("%s\n","Hello");
```

当然该语句也可以简化为:

```
printf("Hello\n");
```

又如:

```
char a[10] = "Hello";
printf("%s\n",a);                    /*输出项是字符数组名*/
```

再如:

```
char * p = "Hello";
printf("%s\n",p);                    /*输出项是字符指针变量名*/
```

需要注意,虽然可以利用包含%c格式符的 printf 函数结合循环语句来实现字符串的输出,但是不建议采用这种方式。

8.3.2 用 puts 函数输出字符串

其一般形式为：

puts(字符串引用)

其中,字符串引用可以是字符串常量、字符数组名或字符指针变量(甚至是字符指针的表达式)。

例如：

puts("Hello");

例如：

```
char a[10] = "Hello";
puts(a);
```

例如：

```
char * p = "Hello";
puts(p);
```

可见,利用 puts 函数输出字符串时,能够实现自动换行。

8.3.3 用 scanf 函数输入字符串

其一般形式为：

scanf("％s",字符数组名)

注意,这里的第二个参数只能是字符数组名。
例如：

```
# include < stdio. h>
int main(void)
{
 char a[20];
 scanf("％s",a);                        /* 输入项是字符数组名 */
 printf("％s\n",a);
 return 0;
}
```

当我们运行这个程序时,若输入：

How are you

则输出结果为：

How

原因何在呢？这是因为用 scanf 函数输入字符串时,会将空格看作字符串之间的分隔符,因此不允许字符串中包含空格。要输入包含空格的字符串需要使用 8.3.4 节中介绍的gets 函数。

特别需要注意,必须首先分配好存储字符串的内存空间(比如定义一个字符数组),然后才能输入字符串。因此,一般不能使用字符指针变量作为 scanf 函数的参数来输入字符串(除非该字符指针变量已经指向了一个字符数组或其他预先分配好的内存空间)。

以下是一个输入字符串的错例:

```
# include <stdio.h>
int main(void)
{
 char * p;
 scanf(" % s",p);                    /* 该语句错误 */
 printf(" % s\n",p);
 return 0;
}
```

因为定义一个字符指针变量,只是分配了存储一个地址的内存空间(在 32 位编译系统中是 4 个字节),并没有分配存储一个完整字符串的内存空间。因此,使用字符指针变量输入字符串是不安全的,有可能造成内存中有效数据的覆盖。

此外,虽然可以利用包含%c格式符的 scanf 函数结合循环语句来实现字符串的输入,但是不建议采用这种方式。

8.3.4 用 gets 函数输入字符串

其一般形式为:

gets(字符数组名)

注意,这里的函数参数只能是字符数组名。

例如:

```
# include <stdio.h>
int main(void)
{
 char a[30];
 gets(a);
 puts(a);
 return 0;
}
```

该程序运行时,若输入:

How are you

则输出结果为:

How are you

同样地,一般不能使用字符指针变量作为 gets 函数的参数来输入字符串。

【例 8.8】 编程序用逐个字符复制的方式,实现字符串的复制。

算法设计:

从源字符串的第 0 个字符开始,逐个地将字符复制到目标数组的对应数组元素中,直至遇到字符串结束标记为止。

源程序：

```
# include < stdio.h>
int main(void)
{
 char t[100],s[100];
 int i;
 printf("请输入源字符串: ");
 gets(s);
 i = 0;
 while(s[i]!= '\0')
 {
  t[i] = s[i];
  i++;
 }
 t[i] = '\0';
 printf("复制后的字符串: %s\n",t);
 return 0;
}
```

想一想，该程序中循环体之后的语句 t[i]＝'\0';起什么作用？ 若取消此语句将会出现什么问题？ 上机验证一下，并解释其中的原因。

8.4　字符串处理函数

除了字符串的输入与输出之外，更重要的操作是对字符串的各种处理，如求字符串长度、字符串连接、字符串比较等。为了使用方便，C 语言提供了一组专门用于字符串处理的库函数。在程序中调用这些库函数时，需要在程序开头添加预处理命令 ＃include < string.h>。

8.4.1　字符串长度函数 strlen

在程序中处理字符串时，往往需要知道字符串的长度。而库函数 strlen 就是用于求得一个字符串的长度的。

其调用格式为：

strlen(字符串引用)

该函数的功能是返回一个字符串的有效长度（即第一个'\0'之前的字符个数）。

例如：

```
# include < stdio.h>
# include < string.h>
int main(void)
{
 char a[100] = "Hello world!";
 printf(" %d\n",sizeof(a));
```

```
    printf(" % d\n",strlen(a));
    printf(" % d\n",strlen("Hello\0world!"));
    return 0;
}
```

程序运行结果为：

```
100
12
5
```

【例 8.9】 编程序实现从键盘输入一行字符,按下述规则加密之后输出。若是字母,则加密规则如下：

A→Z a→z
B→Y b→y
C→X c→x
…
Z→A z→a

若是其他字符,则保持不变。

编程思路：

从字母的加密规则可以看出,加密之前的字符与字母'A'(或'a')之间的差值,恰好等于字母'Z'(或'z')与加密之后的字符之间的差值。因此,可以先求出加密之前的字符与'A'(或'a')的差值,再用字母'Z'(或'z')减去这个差值,得到的就是加密之后的字符。

算法设计：

(1) 首先输入一个字符串并存入到字符数组 s 中。

(2) 从第 0 个字符开始执行下列操作。

(3) 若 s[i]中的字符是小写字母,则用字母'z'减去 s[i](即加密之前的字符)与字母'a'的差值,得到加密之后的字符,再重新赋给 s[i];若 s[i]中的字符是大写字母,则用字母'Z'减去 s[i](即加密之前的字符)与字母'A'的差值,得到加密之后的字符,再重新赋给 s[i]。

(4) 循环执行第(3)步直至到达字符串末尾为止。

(5) 最后输出字符数组 s 中加密之后的字符串。

源程序：

```c
# include < stdio. h >
# include < string. h >
int main(void)
{
 char s[80];
 int i,n;
 printf("请输入一个字符串: \n");
 gets(s);
 n = strlen(s);
 for(i = 0;i <= n - 1;i++)
 {
  if(s[.i] >= 'a'&&s[i] <= 'z')
    s[i] = 'z' - (s[i] - 'a');          /* 用'z'减去原字符与'a'的差值,就是新字符 */
```

```
    else if(s[i]>= 'A'&&s[i]<= 'Z')
        s[i] = 'Z' - (s[i] - 'A');              /*用'Z'减去原字符与'A'的差值,就是新字符*/
    }
    printf("加密之后的字符串为: \n");
    puts(s);
    return 0;
}
```

对比例 8.5 可以发现,利用字符数组将一批字符作为字符串输入并处理的方式更直观、更方便;因此一般不采取利用单个字符变量循环输入并处理一批字符的方式。

8.4.2　字符串复制函数 strcpy

假设有两个字符数组:

```
char s[20] = "Hello",t[20];
```

如何才能将字符数组 s 中的字符串复制到字符数组 t 中呢?

很容易想到的是利用如下赋值语句:

```
t = s;
```

或

```
t = "Hello";
```

实际上,这样是行不通的。因为数组名 t 是一个地址常量,故不能对其进行赋值操作。

既然如此,该如何实现字符串的复制呢? 可以采用例 8.8 中的方法,将源字符串中的字符逐个地复制到目标数组中。利用这种方法实现字符串的复制是切实可行的,只是颇为繁琐。

为了使用方便,C 语言中提供了专门的字符串复制函数 strcpy。

其调用格式为:

```
strcpy(字符数组名,字符串引用)
```

该函数的第一个参数必须是字符数组名(因为需要事先分配好存储目标字符串的内存空间),第二个参数则可以是字符串常量、字符数组名或字符指针。

该函数的功能是将第二个参数所引用的字符串复制到第一个参数所指定的字符数组中。

例如:

```
# include < stdio.h >
# include < string.h >
int main(void)
{
    char t[80],s[80] = "Hello";
    strcpy(t,s);
    puts(t);
    strcpy(t,"World");
    puts(t);
```

```
    return 0;
}
```

8.4.3　字符串连接函数 strcat

有时候我们需要将两个字符串前后连接起来,形成一个新的字符串,strcat 函数就可以实现这个功能。

其调用格式为:

```
strcat(字符数组名,字符串引用)
```

其中,第一个参数必须是字符数组名,第二个参数则可以是字符串常量、字符数组名或字符指针。由于连接之后字符串的长度是原来两个字符串长度之和,因此需要事先分配好足够的内存空间。

该函数的功能是将第二个参数所引用的字符串,连接到第一个参数所指定的字符数组中的字符串之后,并重新存入到这个字符数组中。

例如:

```
# include < stdio. h >
# include < string. h >
int main(void)
{
 char t[30] = "Hello ",s[10] = "World!";
 strcat(t,s);
 puts(t);
 return 0;
}
```

程序运行结果为:

```
Hello World!
```

8.4.4　字符串比较函数 strcmp

字符串之间的大小比较是在程序设计中经常会用到的操作,例如单词的字典顺序排列。在 C 语言中如何比较两个字符串的大小呢?

假设有两个字符数组:

```
char s[10] = "ab", t[10] = "abc";
```

那么,能否用 s==t 或 s<t 这种方式对两个字符串的内容进行比较呢? 答案是不能。因为在 C 语言中,数组名是一个地址常量,并不代表该数组中的内容,因此不能直接用数组名来比较两个字符串的大小。

首先来看一下比较两个字符串大小的具体规则:比较两个字符串时,分别从它们的首字符开始,将对应的字符按照其 ASCII 码值进行比较,直至发现对应的两个字符不相等或遇到'\0'为止。这时候,对应的两个字符的比较结果,就是两个字符串的比较结果。

根据上述规则,我们可以通过编写一段程序来实现两个字符串的比较。更便捷的办法是,直接调用 C 语言提供的字符串比较函数 strcmp。

其调用格式为:

strcmp(字符串引用 1,字符串引用 2)

其中的两个参数都可以是字符串常量、字符数组名或字符指针。

该函数的返回值反映了两个字符串比较的结果。若第一个字符串大于第二个字符串,则函数值大于 0;若第一个字符串等于第二个字符串,则函数值等于 0;若第一个字符串小于第二个字符串,则函数值小于 0。

例如:

```
# include < stdio. h>
# include < string. h>
int main(void)
{
 char s[20] = "Hello",t[20] = "hello";
 printf(" % d\n",strcmp(s,t));
 return 0;
}
```

程序运行结果为:

－1

该程序在不同的 C 语言环境中运行时,所得的具体结果有可能不同,不过一定是一个负数。

【例 8.10】 从键盘输入 10 个字符串存入到一个二维字符数组中,求出其中的最大者并输出。

编程思路:

(1) 欲存储 10 个字符串,需使用一个 10 行的二维字符数组,即每行存储一个字符串。

(2) 从多个字符串中求最大者的方法,与从多个数中求最大者的方法类似,仍可使用擂台法。不过字符串的比较要使用 strcmp 函数,而字符串的复制要使用 strcpy 函数。

算法设计:

(1) 定义一个二维字符数组 a[10][80]用于存放输入的 10 个字符串。

(2) 定义一个一维字符数组 max[80]用于存放目前的最大字符串。

(3) 将二维字符数组 a 的第 0 行中的字符串复制到字符数组 max 中。

(4) 若二维字符数组 a 的第 i 行中的字符串大于字符数组 max 中的字符串,则将前者复制到字符数组 max 中。

(5) 循环执行第(4)步,直至 9 次比较完成,此时字符数组 max 中的字符串就是 10 个字符串中的最大者。

源程序:

```
# include < stdio. h>
# include < string. h>
int main(void)
{
```

```
char a[10][80],max[80];
int i;
printf("请依次输入 10 个字符串: \n");
for(i = 0;i < 10;i++)
  gets(a[i]);                              /* a[i]代表二维数组 a 的第 i 行 */
strcpy(max,a[0]);
for(i = 1;i < 10;i++)
{
  if(strcmp(a[i],max)> 0)
    strcpy(max,a[i]);
}
printf("10 个字符串中的最大者是: \n");
puts(max);
return 0;
}
```

8.4.5 字符查找函数 strchr

strchr 函数用于从一个字符串中查找某个字符第一次出现的位置。

其调用格式为:

strchr(s,ch)

其功能是从字符串 s 中查找字符 ch 第一次出现的位置。若找到,则返回该位置的地址;否则,返回空指针。

例如:

```
# include < stdio. h >
# include < string. h >
int main(void)
{
  char s[100] = "Hello world!",ch = 'w', * p;
  p = strchr(s,ch);
  * p = 'W';
  puts(s);
  return 0;
}
```

8.4.6 字符串查找函数 strstr

strstr 函数用于从一个字符串中查找某个子字符串第一次出现的位置。

其调用格式为:

strstr(字符串 1,字符串 2)

其功能是从字符串 1 中查找字符串 2 第一次出现的位置。若找到,则返回该位置的地址;否则,返回空指针。

例如:

```
# include < stdio. h >
```

```
# include < string. h >
int main(void)
{
 char s[100] = "Good morning",t[30] = "morning", * p;
 p = strstr(s,t);
 strcpy(p,"night");
 puts(s);
 return 0;
}
```

8.4.7 字符串大写转小写函数 strlwr

strlwr 函数用于将一个字符串中的大写字母转换为对应的小写字母。

其调用格式为：

strlwr(字符串引用)

例如：

printf(strlwr("ABcdEF"));

运行结果为：

abcdef

可见其中本来就是小写字母的字符保持不变。

8.4.8 字符串小写转大写函数 strupr

strupr 函数用于将一个字符串中的小写字母转换为对应的大写字母。

其调用格式为：

strupr(字符串引用)

例如：

printf(strupr("ABcdEF"));

运行结果为：

ABCDEF

可见其中本来就是大写字母的字符保持不变。

除了上面介绍的几个库函数之外，一般的 C 语言编译系统还提供了其他一些常用的字符串处理库函数。感兴趣的读者可以参考本书附录 D 中的相应内容。

8.5 字符串处理应用举例

【例 8.11】 从键盘输入一行字符，统计其中单词的个数。假设单词之间以空格分隔。

编程思路：

（1）由于第一个单词之前可能有空格，同时两个单词之间也可能有多个空格，因此不能简单地通过统计空格的数量以得到单词的数量。

（2）除了最后一个单词，每个单词之后至少跟一个空格，而最后一个单词之后可能跟空格，也可能直接跟一个空字符。

（3）因此，当相邻的两个字符中，前一个是非空格字符而后一个是空格或空字符时，说明找到一个单词。

源程序：

```c
#include<stdio.h>
#include<string.h>
int main(void)
{
 char a[200];
 int i,c=0;
 printf("请输入一行以空格分隔的单词：");
 gets(a);
 for(i=0;i<=strlen(a)-1;i++)
 {
  if(a[i]!=' '&&(a[i+1]==' '||a[i+1]=='\0'))
    c++;  /*若第i个字符不是空格，第i+1个字符是空格或'\0'，则表示一个单词结束*/
 }
 printf("单词个数=%d\n",c);
 return 0;
}
```

【例8.12】 从键盘输入一行字符，统计其中单词的个数。假设单词之间以标点符号或空格分隔。

编程思路：

（1）由于单词之间以标点符号或空格分隔，而标点符号不便于一一区分出来。

（2）因此，可以通过区分一个字符是不是字母或数字来统计单词的个数。

（3）当相邻的两个字符中，前一个是字母或数字而后一个不是字母或数字时，说明找到一个单词。

源程序：

```c
#include<stdio.h>
#include<string.h>
#include<ctype.h>
int main(void)
{
 char a[200];
 int i,c=0;
 printf("请输入一行以空格或标点分隔的单词：");
 gets(a);
 for(i=0;i<=strlen(a)-1;i++)
 {
  if(isalnum(a[i])&&!isalnum(a[i+1]))
```

```
   c++; /*若第i个字符是字母或数字,第i+1个字符不是字母或数字,则表示一个单词结束*/
 }
 printf("单词个数 = %d\n",c);
 return 0;
}
```

【例8.13】 输入一个英文字符串,判断该字符串是否是回文。要求用字符数组实现。

算法设计:

(1) 分别从左右两端开始,比较对应的字符是否相等。

(2) 若对应的字符相等,则继续比较下一对字符;否则,退出循环。

(3) 若所有对应的字符均相等,则是回文;否则不是回文。

源程序:

```
# include < stdio. h >
# include < string. h >
int main(void)
{
  char a[100];
  int i,j;
  printf("请输入一个英文字符串: \n");
  gets(a);
  i = 0;                         /*最左一个元素的下标*/
  j = strlen(a) - 1;            /*最右一个元素的下标*/
  while(i < j)                  /*当左右两侧下标未会合时循环*/
  {
  if(a[i] == a[j])
    {i++;j--;}                  /*若对应的字符相等,则继续比较下一对字符*/
   else
     break;                     /*否则停止比较*/
  }
  if(i >= j)                    /*判断左右两侧下标是否会合*/
   printf("是回文.\n");
  else
   printf("不是回文.\n");
  return 0;
}
```

【例8.14】 输入一个英文字符串,判断该字符串是否是回文。要求用字符指针实现。

算法设计:

(1) 分别从左右两端开始,比较对应的字符是否相等。

(2) 若对应的字符相等,则继续比较下一对字符;否则,退出循环。

(3) 若所有对应的字符均相等,则是回文;否则不是回文。

源程序:

```
# include < stdio. h >
# include < string. h >
int main(void)
{
  char a[100], * p, * q;
```

```
        printf("请输入一个英文字符串：\n");
        gets(a);
        p = a;                              /*p指向最左一个字符*/
        q = a + strlen(a) - 1;              /*q指向最右一个字符*/
        while(p < q)                        /*当左右两侧指针未会合时循环*/
        {
          if( *p == *q)
          {p++;q--;}                        /*若对应的字符相等,则继续比较下一对字符*/
          else
          break;                            /*否则停止比较*/
        }
        if(p >= q)                          /*判断左右两侧指针是否会合*/
          printf("是回文.\n");
        else
          printf("不是回文.\n");
        return 0;
}
```

想一想,若要判断一个中文字符串是否是回文,该程序需要做哪些修改呢?

【例 8.15】 从键盘输入一行数字字符,试统计出其中每个数字出现的次数。

算法设计:

(1) 首先将该数字字符串存入到一个一维字符数组中。

(2) 然后逐个字符判断是哪一个数字,并对相应的数字计数。

源程序:

```
# include < stdio.h>
main()
{
 char s[80];
 int i,c[10] = {0};                        /*数组 c 的元素用于为 10 个数字计数*/
 printf("请输入一行数字：\n");
 gets(s);
 for(i = 0;s[i]!= '\0';i++)
 {
  switch(s[i])
  {
    case '0':c[0]++;break;
    case '1':c[1]++;break;
    case '2':c[2]++;break;
    case '3':c[3]++;break;
    case '4':c[4]++;break;
    case '5':c[5]++;break;
    case '6':c[6]++;break;
    case '7':c[7]++;break;
    case '8':c[8]++;break;
    case '9':c[9]++;
  }
 }
 for(i = 0;i < 10;i++)
 printf(" %d 的出现次数 = %d\n",i,c[i]);
```

```
}
```

通过观察上面程序中的 switch 语句,可以发现用于对数字字符进行计数的数组元素的下标,恰巧就是该数字字符对应的整数。故可以用该字符的 ASCII 码减去字符'0'的 ASCII 码来实现这种映射。

改写之后的 for 循环如下:

```
for(i = 0;s[i]!= '\0';i++)
{
  switch(s[i])
  {
    case '0': c['0' - '0']++;break;
    case '1': c['1' - '0']++;break;
    case '2': c['2' - '0']++;break;
    case '3': c['3' - '0']++;break;
    case '4': c['4' - '0']++;break;
    case '5': c['5' - '0']++;break;
    case '6': c['6' - '0']++;break;
    case '7': c['7' - '0']++;break;
    case '8': c['8' - '0']++;break;
    case '9': c['9' - '0']++;
  }
}
```

又可进一步改写为:

```
for(i = 0;s[i]!= '\0';i++)
{
  switch(s[i])
  {
    case '0': c[s[i] - '0']++;break;
    case '1': c[s[i] - '0']++;break;
    case '2': c[s[i] - '0']++;break;
    case '3': c[s[i] - '0']++;break;
    case '4': c[s[i] - '0']++;break;
    case '5': c[s[i] - '0']++;break;
    case '6': c[s[i] - '0']++;break;
    case '7': c[s[i] - '0']++;break;
    case '8': c[s[i] - '0']++;break;
    case '9': c[s[i] - '0']++;
  }
}
```

此时已很明确,这里的 switch 分支选择其实是不必要的,从而得到如下的循环。

```
for(i = 0;s[i]!= '\0';i++)
  c[s[i] - '0']++;
```

最终得到改进版源程序如下:

```
# include < stdio. h>
int main(void)
```

```
{
  char s[80];
  int i,c[10] = {0};                    /* 数组 c 的元素用于为 10 个数字计数 */
  printf("请输入一行数字：\n");
  gets(s);
  for(i = 0;s[i]!= '\0';i++)
    c[s[i] - '0']++;
  for(i = 0;i < 10;i++)
    printf("%d 的出现次数 = %d\n",i,c[i]);
  return 0;
}
```

8.6 项目式案例

【**例 8.16**】 编程序实现将十进制整数转化为十六进制整数。

编程思路：

(1) 根据进制转化的原理，采用除以 16 取余数的方法进行整数部分的转化。

(2) 若余数大于 9，则需用 a 到 f 之间的字母表示，故应使用字符数组存放转化结果。

(3) 依次将所得余数转化为对应的字符，并存入到字符数组 d 中。

(4) 将得到的全部余数前后倒置，然后输出，即得转化结果。

源程序：

```
#include <stdio.h>
int main(void)
{
  unsigned long x;
  unsigned r;
  char d[32],t[32];
  int i,j;
  printf("请输入一个十进制正整数：");
  scanf("%lu",&x);
  i = 0;
  while(x > 0)
  {
    r = x % 16;                /* 整除 16 取余数 */
    if(r < 10)
      d[i] = '0' + r;          /* 若余数小于 10,则转化为对应的数字字符 */
    else
      d[i] = 'a' + (r - 10);   /* 若余数介于 10 到 15 之间,则转化为'a'到'f'之间的字母 */
    x = x/16;                  /* 整除 16 取商 */
    i++;
  }
  for(j = 0;j <= i - 1;j++)
    t[j] = d[i - 1 - j];       /* 将得到的全部余数前后倒置 */
  t[j] = '\0';
  printf("转化为十六进制之后的结果 = %s\n",t);
```

```
    return 0;
}
```

【例 8.17】 编程序实现将十进制小数转化为十六进制小数。

编程思路：

(1) 根据进制转化的原理,采用乘以 16 取整数的方法进行小数部分的转化。

(2) 若得到的整数大于 9,则需用 a 到 f 之间的字母表示,故应使用字符数组存放转化结果。

(3) 依次将所得整数转化为对应的字符,并存入到字符数组 d 中。

(4) 最后输出字符数组 d 的内容,即得转化结果。

源程序：

```c
# include < stdio. h>
int main(void)
{
 double x;
 char d[32];
 int r,i;
 printf("请输入一个十进制纯小数: ");
 scanf(" % lf",&x);
 i = 0;
 while(x > 0)
 {
  x = x * 16;                  /* 乘以 16 */
  r = (int)x;                  /* 取整数部分 */
  if(r < 10)
    d[i] = '0' + r;            /* 若整数部分小于 10,则转化为对应的数字字符 */
  else
    d[i] = 'a' + (r - 10);     /* 若整数部分介于 10 到 15 之间,则转化为'a'到'f'之间的字母 */
  x = x - r;                   /* 减去整数部分,保留小数部分 */
  if(i >= 31)                  /* 若转化位数达到 32 位,则中止转化 */
   break;
  i++;
 }
 d[i] = '\0';
 printf("转化为十六进制之后的结果 = 0. % s\n",d);
 return 0;
}
```

【例 8.18】 编程序实现如下功能：输入一个小写金额值(如 1 002 307.90)；将它的每一位分离出来并存入到一个一维数组中,每个数组元素保存一位数；将它转化为大写金额值并输出(如壹佰万贰仟叁佰零柒元玖角整)。

首先实现将一个正整数的每一位分离出来,并存入到一个一维数组中。

源程序：

```c
# include < stdio. h>
int main(void)
{
```

```
    unsigned long x;
    unsigned d[32];
    int i;
    printf("请输入一个十进制正整数：");
    scanf("%lu",&x);
    i = 0;
    while(x > 0)
    {
     d[i] = x % 10;              /* 除以 10 取余数存入数组 d 中 */
     x = x/10;                   /* 除以 10 取商 */
     i++;
    }
    i-- ;                        /* 减去多加的 1 */
    printf("分离出来的每一位：");
    while(i >= 0)                /* 逆序输出数组 d 中的余数 */
    {
     printf("%u,",d[i]);
     i-- ;
    }
    return 0;
}
```

若考虑角和分，则小写金额是一个最多包含两位小数的实数，不过可以通过乘以 100 转化为一个整数（单位为分）。由此得到调整之后的程序如下：

```
#include < stdio.h >
int main(void)
{
 double x0;
 unsigned long x;
 unsigned d[32];
 int i;
 printf("请输入一个小写金额：");
 scanf("%lf",&x0);
 x = (unsigned long)(x0 * 100);            /* 将输入的金额扩大 100 倍 */
 i = 0;
 while(x > 0)
 {
  d[i] = x % 10;                           /* 除以 10 取余数存入数组 d 中 */
  x = x/10;                                /* 除以 10 取商 */
  i++;
 }
 i-- ;                                     /* 减去多加的 1 */
 printf("分离出来的每一位：");
 while(i >= 0)                             /* 逆序输出数组 d 中的余数 */
 {
  printf("%u,",d[i]);
  i-- ;
 }
 return 0;
}
```

　　该程序运行时,有时候会发现分离出来的末位数比原来的数小 1。例如,输入 123 456.78 时,分离出来的末位数是 7。其原因是将十进制实数转化为二进制形式时,会造成有效数字丢失。可以通过输入一个实数之后,加上一个 0.005 来进行修正。

```
x = (unsigned long)(x0 * 100 + 0.5);        /* 将输入的金额扩大 100 倍 */
```

　　然后实现将分离出来的每一位数字,转化为对应的汉字大写数字。

```
#include <stdio.h>
int main(void)
{
 double x0;
 unsigned long x;
 unsigned d[32];
 int i, j, n;
 char up[10][3] = {"零","壹","贰","叁","肆","伍","陆","柒","捌","玖"};
    /* 因每个汉字视为两个字符,故不能用作字符常量 */
 printf("请输入一个小写金额: ");
 scanf(" % lf",&x0);
 x = (unsigned long)(x0 * 100 + 0.5);        /* 将输入的金额扩大 100 倍 */
 i = 0;
 while(x > 0)
 {
  d[i] = x % 10;                             /* 除以 10 取余数存入数组 d 中 */
  x = x/10;                                  /* 除以 10 取商 */
  i++;
 }
 i--;                                        /* 减去多加的 1 */
 printf("转化为大写数字的结果: ");
 while(i >= 0)
 {
  n = d[i];                                  /* 取出数组 d 的第 i 位数字 */
  printf(" % s",up[n]);                      /* 输出相应的大写数字 */
  i--;
 }
 return 0;
}
```

　　如何在输出的大写数字之后添加合适的单位呢? 可以根据原数字的位置添加相应的单位。比如,个位之后是“元”,十位之后是“拾”,依此类推。

　　因此,可以预先将各种单位按顺序存入一个二维字符数组中,然后根据原数字的位置,选取相应的单位。

```
#include <stdio.h>
int main(void)
{
 double x0;
 unsigned long x;
 unsigned d[32];
 int i, j, n;
```

```
char up[10][3] = {"零","壹","贰","叁","肆","伍","陆","柒","捌","玖"};
    /*因每个汉字视为两个字符,故不能用作字符常量*/
char wt[12][3] = {"分","角","元","拾","佰","仟","万","拾","佰","仟","亿","拾"};
printf("请输入一个小写金额: ");
scanf("%lf",&x0);
x = (unsigned long)(x0 * 100 + 0.5);            /*将输入的金额扩大100倍*/
i = 0;
while(x > 0)
{
 d[i] = x % 10;                                 /*除以10取余数存入数组d中*/
 x = x/10;                                      /*除以10取商*/
 i++;
}
i--;                                            /*减去多加的1*/
printf("转化为大写金额的结果: ");
while(i >= 0)
{
 n = d[i];                                      /*取出数组d的第i位数字*/
 printf("%s",up[n]);                            /*输出相应的大写数字*/
 printf("%s",wt[i]);                            /*根据数字的位置,输出相应的单位*/
 i--;
}
 return 0;
}
```

该程序运行时,若输入1 002 307.90,则输出结果为:壹佰零拾零万贰仟叁佰零拾柒元玖角零分。其中对"零"的处理显然不符合大写金额的规范。

简单零处理程序:(不显示所有零,最大只能取到千万)

```
#include < stdio.h >
int main(void)
{
 double x0;
 unsigned long x;
 unsigned d[32];
 int i,n;
 char up[10][3] = {"零","壹","贰","叁","肆","伍","陆","柒","捌","玖"};
    /*因每个汉字视为两个字符,故不能用作字符常量*/
 char wt[12][3] = {"分","角","元","拾","佰","仟","万","拾","佰","仟","亿","拾"};
 printf("请输入一个小写金额: ");
 scanf("%lf",&x0);
 x = (unsigned long)(x0 * 100 + 0.5);           /*将输入的金额扩大100倍*/
 i = 0;
 while(x > 0)
 {
  d[i] = x % 10;                                /*除以10取余数存入数组d中*/
  x = x/10;                                     /*除以10取商*/
  i++;
 }
 i--;                                           /*减去多加的1*/
 printf("转化为大写金额的结果: ");
```

```
while(i>=0)
{
  n=d[i];                               /*取出数组d的第i位数字*/
  if(n==0)
  {
    if((i-2)%4==0)                      /*若数字为0,则不输出大写数字和单位*/
    printf("%s",wt[i]);                 /*但"元"、"万"、"亿"要输出*/
  }
  else
  {
    printf("%s",up[n]);                 /*输出相应的大写数字*/
    printf("%s",wt[i]);                 /*根据数字的位置,输出相应的单位*/
  }
  i--;
}
return 0;
}
```

完整零处理程序:

```
#include<stdio.h>
int main(void)
{
  double x0;
  unsigned long x;
  unsigned d[32];
  int i,j,n,f0,f1,z;
  char up[10][3]={"零","壹","贰","叁","肆","伍","陆","柒","捌","玖"};
        /*因每个汉字视为两个字符,故不能用作字符常量*/
  char wt[12][3]={"元","拾","佰","仟","万","拾","佰","仟","亿","拾"};
  printf("请输入一个小写金额:");
  scanf("%lf",&x0);
  x=(unsigned long)x0;                  /*取出整数部分*/
  i=0;
  while(x>0)
  {
    d[i]=x%10;                          /*除以10取余数存入数组d中*/
    x=x/10;                             /*除以10取商*/
    i++;
  }
  i--;                                  /*减去多加的1*/
  printf("转化为大写金额的结果:");
  while(i>=0)
  {
    n=d[i];                             /*取出数组d的第i位数字*/
    if(n==0)
    {
      z=0;                              /*一组数字中连续零的个数*/
      for(j=i;;j--)                     /*统计一组数字中连续零的个数*/
      {
        if(d[j]==0)
```

```
      z++;
      else
      {
       i = j + 1;                        /* 最后一个零的位置 */
       break;
      }
      if(j % 4 == 0)
      {
       i = j;                            /* 最后一个零的位置 */
       break;
      }
    }

    switch(z)
    {
     case 4:
     if(i % 8 == 0)
     printf(" % s",wt[i]);
     break;
     case 3:
     case 2:
     case 1:
      if(i % 4 == 0)
        printf(" % s",wt[i]);
      else
        printf("零");
    }
   }
   else
   {
    printf(" % s",up[n]);               /* 输出相应的大写数字 */
    printf(" % s",wt[i]);               /* 根据数字的位置,输出相应的单位 */
   }
   i -- ;
  }
  return 0;
}
```

为了扩大金额的取值范围,将存储整数部分的变量 x 的类型改为 unsigned long long int。最后得到如下完整的包含角和分的程序。

```
# include < stdio. h >
int main(void)
{
 double x00;
 unsigned long long x;
 int x0;
 unsigned d[20],d0[2];
 int i,j,n,z;
 char up[10][3] = {"零","壹","贰","叁","肆","伍","陆","柒","捌","玖"};
 /* 因每个汉字视为两个字符,故不能用作字符常量 */
```

```
 char wt[21][3] = {"元","拾","佰","仟","万","拾","佰","仟","亿","拾","佰","仟","万",
"拾","佰","仟","兆","拾","佰","仟","万"};
 printf("请输入一个小写金额: ");
 scanf("%lf",&x00);
 x = (unsigned long long)x00;                       /* 取出整数部分 */
 x0 = (int)((x00 - x) * 100 + 0.5);                 /* 原小数部分扩大 100 倍 */
 i = 0;
 while(x > 0)
 {
  d[i] = x % 10;                                    /* 整除 10 取余数存入数组 d 中 */
  x = x/10;                                         /* 整除 10 取商 */
  i++;
 }
 i--;                                               /* 减去多加的 1 */
 printf("转化为大写金额的结果: ");
 while(i >= 0)
 {
  n = d[i];                                         /* 取出数组 d 的第 i 位数字 */
  if(n == 0)
  {
   z = 0;                                           /* 一组数字中连续零的个数 */
   for(j = i;;j--)                                  /* 统计一组数字中连续零的个数 */
   {
    if(d[j] == 0)
     z++;
    else
    {
   i = j + 1;                                       /* 最后一个零的位置 */
   break;
   }
   if(j % 4 == 0)
   {
    i = j;                                          /* 最后一个零的位置 */
    break;
   }
  }
 }
 switch(z)
 {
   case 4:
   if(i % 8 == 0)
     printf("%s",wt[i]);
   break;
     case 3:
     case 2:
     case 1:
       if(i % 4 == 0)
        printf("%s",wt[i]);
       else
        printf("零");
  }
 }
```

```
  else
  {
   printf("%s",up[n]);                      /* 输出相应的大写数字 */
   printf("%s",wt[i]);                      /* 根据数字的位置,输出相应的单位 */
  }
  i-- ;
 }
d0[1] = x0/10;
d0[0] = x0 % 10;
if(d0[1] == 0)
{
 if(d0[0] == 0)
  printf("整");
 else
  printf("零%s分",up[d0[0]]);
}
else
{
  printf("%s角",up[d0[1]]);
 if(d0[0] == 0)
  printf("整");
 else
  printf("%s分",up[d0[0]]);
}
return 0;
}
```

第9章

函　数

前几章中介绍的程序,由于程序规模比较小,因此都只包含了一个函数(main 函数)。对于规模较大的程序来说,为了便于编写、调试和维护,通常需要将它分解为若干个相对独立的程序模块。在 C 语言中,实现程序模块化的方法,就是将一个规模较大的程序划分为若干个相对独立的函数。

9.1　库函数

C 语言中的函数,按照其编写者不同可以分为库函数和用户定义函数两类。库函数的编写者是 C 语言编译系统的开发者,随 C 语言编译软件提供,用户可以直接调用。例如 printf 函数、pow 函数等。在程序中调用库函数时,必须在程序的开头用 include 命令包含与该函数相对应的标准头文件。库函数与标准头文件的对应关系,可以从本书附录 D 中查得。而用户定义函数是由编程用户自己定义的函数。

按照函数的调用格式划分,可以将函数分为无参函数和有参函数两类。无参函数是不带参数的函数,例如 getchar 函数。有参函数是带有参数的函数,例如 printf 函数。

【例 9.1】　已知某个夹角的正切值,求出该夹角的角度值(单位为(°))。

编程思路:

由正切值求角度值的函数是反正切函数,从 C 语言库函数表中可以查得,反正切函数是 atan 函数。反正切函数返回值的单位是弧度,故还需要转化为度。

源程序:

```
# include < stdio. h>
# include < math. h>
# define PI 3.14159
int main(void)
{
 float x,y;
 printf("请输入一个正切值: ");
 scanf(" % f",&x);
 y = atan(x);                 / * 调用库函数求 x 的反正切函数值,只需给出函数名和参数即可 * /
 y = y/PI * 180;
 printf("角度值 = % f\n",y);
```

```
   return 0;
   }
```

从这个例子可以看出,在 C 语言程序中调用库函数时,只需给出函数名和函数参数即可。

9.2　用户函数的定义与调用

在编写较大规模的程序时,如何进行函数的划分呢? 一般来说,可以将一个程序中功能相对独立的程序段定义为一个单独的函数。

在包含多个函数的程序中,根据函数之间的调用关系,可以将函数分为主调函数和被调函数两种。如果一个函数要调用另一个函数,则称之为主调函数;而被另一个函数调用的函数称之为被调函数。

为了便于理解,下面将无参函数和有参函数的定义和调用的方法分开来介绍。

9.2.1　无参函数的定义

定义一个无参函数,实际上就是定义一个函数名、函数的类型以及它的函数体。定义无参函数的一般形式为:

```
类型说明符  函数名(void)
函数体
```

括号中的 void 称为空值类型,表示该函数没有参数。这里的 void 也可以省略不写。下面通过一个实例具体说明。

【例 9.2】　编写程序,打印出如下图形。

```
The first one:
*
**
***
****
The second one:
*
**
***
****
```

编程思路:
首先,我们编写一个只有 main 函数的程序以实现上述功能。

```
# include < stdio. h >
int main(void)
{
 int i, j;
 printf("The first one:\n");
 for(i = 1; i < = 4; i++)
```

```
{
  for(j = 1;j < = i;j++)
    printf(" * ");
  printf("\n");
}
printf("The second one:\n");
for(i = 1;i < = 4;i++)
{
  for(j = 1;j < = i;j++)
    printf(" * ");
  printf("\n");
}
return 0;
}
```

在该程序中,打印一个三角形的程序段重复了两次,但是观察这两段程序,发现并不能简单地将它们合并为一个循环。

为了提高编程效率,避免重复,在本程序中可以将打印三角形的程序段单独拿出来,定义为一个被调函数,然后在主函数中调用它。

要得到打印三角形的被调函数,只需以相应的程序段作为函数体,并添加函数头即可。

```
void printstar(void)                        / * 如何确定函数的类型可以参考 9.3 节 * /
{
  int i,j;
  for(i = 1;i < = 4;i++)
  {
    for(j = 1;j < = i;j++)
      printf(" * ");
    printf("\n");
  }
  return;
}
```

其中的 return 语句,用于结束该函数的执行并返回到主调函数中继续执行。

9.2.2 无参函数的调用

用户定义好了被调函数之后,就可以像调用库函数那样来调用它了。

无参函数的调用格式为:

函数名( )

下面来完成例 9.2 中的主函数。

编程思路:

因为前面已经定义好了打印一个三角形的被调函数,故可以在主函数中直接调用它。

完整的源程序如下:

```
# include < stdio. h >
void printstar(void)
{
```

```
  int i,j;
  for(i = 1;i < = 4;i++)
  {
   for(j = 1;j < = i;j++)
   printf(" * ");
   printf("\n");
  }
  return;
}
int main(void)
{
  printf("The first one:\n");
  printf("The second one:\n");
  printstar();                        /* 调用前面定义的函数 printstar */
  return 0;
}
```

由多个函数构成的程序,其执行流程是怎样的呢? 这种程序总是从主函数开始执行,当遇到函数调用时,则转向被调函数的函数体中执行。在被调函数中,执行到 return 语句时,则返回到主调函数中继续执行。

9.2.3　有参函数的定义和调用

无参函数实现的功能相对简单一些,更多的时候我们会使用有参函数。下面通过一个实例来说明有参函数的定义和调用的方法。

【例 9.3】　已知 m、n 是正整数,编写程序求 m 中取 n 的组合值。

编程思路:

根据组合的性质 $C_m^n = \dfrac{m!}{n!\ (m-n)!}$,可以通过阶乘值求得组合值。首先,我们编写一个只有 main 函数的程序以实现上述功能。

```
# include < stdio. h >
int main(void)
{
  int m,n,i,k;
  long p,c,c1,c2,c3;
  printf("请输入两个正整数 m 与 n 的值(m > = n): ");
  scanf(" % d % d",&m,&n);
  k = m;
  p = 1;
  for(i = 1;i < = k;i++)
  p = p * i;
  c1 = p;
  k = n;
  p = 1;
  for(i = 1;i < = k;i++)
  p = p * i;
  c2 = p;
```

```
k = m − n;
p = 1;
for( i = 1; i <= k; i++)
p = p * i;
c3 = p;
c = c1/(c2 * c3);                        /* 此处的括号不可少 */
printf("m 中取 n 的组合值 = % ld\n",c);
return 0;
}
```

在该程序中,求阶乘的程序段重复了三次,但是观察这三段程序,发现并不能简单地将它们合并为一个循环。

为了提高编程效率,避免重复,在该程序中可以将求阶乘的程序段单独拿出来,定义为一个被调函数,然后在主函数中调用它。

根据在例 9.2 中获得的经验,构造被调函数的方法是以相应的程序段添加上 return 语句作为函数体,然后再添加函数头即可。按此方法,可以得到如下被调函数。

```
long fact( )                            /* 如何确定函数的类型可以参考 9.3 节 */
{
 long p;
 int i,k;
 p = 1;
 for( i = 1; i <= k; i++)
 p = p * i;
 return;
}
```

仔细分析该被调函数,可以发现还存在两个问题没有解决。第一个问题是变量 m、n 的值显然应该在主调函数中输入,如何将 m、n 及 m-n 的值传递给被调函数中的变量 k 呢? 第二个问题是如何将被调函数中求得的阶乘值(即变量 p 的值)传递给主调函数中的变量 c1、c2 与 c3 呢?

在 C 语言中,通常利用函数参数和返回值来实现主调函数与被调函数之间的数据传递。所谓被调函数的参数,指的是被调函数中用来接收数据的变量,其变量定义必须放到函数首部的括号中。被调函数的返回值,指的是被调函数中用来向主调函数传递数据的变量(或表达式),返回值必须置于 return 之后。

引入函数参数和返回值之后,可得到如下被调函数:

```
long fact( int k)                       /* 如何确定函数的类型可以参考 9.3 节 */
{
 long p;
 int i;
 p = 1;
 for( i = 1; i <= k; i++)
 p = p * i;
 return p;
}
```

一旦定义好了求阶乘的被调函数,就可以像调用库函数那样来调用它了,因此,很容易编写出调用该函数求组合值的主函数。

```
int main(void)
{
 int m,n;
 long c,c1,c2,c3;
 printf("请输入两个正整数 m 与 n 的值(m>=n): ");
 scanf("%d%d",&m,&n);
 c1 = fact(m);
 c2 = fact(n);
 c3 = fact(m-n);
 c = c1/(c2*c3);
 printf("m 中取 n 的组合值 = %ld\n",c);
 return 0;
}
```

不难发现,主函数中的中间变量 c1、c2 与 c3 是可以取消的,故最后得到完整的源程序如下。

```
#include <stdio.h>
long fact(int k)                    /* 如何确定函数的类型可以参考 9.3 节 */
{
 long p;
 int i;
 p = 1;
 for(i = 1;i<=k;i++)
 p = p*i;
 return p;
}
int main(void)
{
 int m,n;
 long c;
 printf("请输入两个正整数 m 与 n 的值(m>=n): ");
 scanf("%d%d",&m,&n);
 c = fact(m)/(fact(n)*fact(m-n));
 printf("m 中取 n 的组合值为 %ld\n",c);
 return 0;
}
```

通过将较复杂的程序分解为多个函数,使得程序更易于调试和维护,同时也能改善程序的可读性。最后总结一下有参函数的定义和调用格式。

有参函数定义的一般形式为:

类型说明符　函数名(形式参数表)
函数体

有参函数调用的一般形式为:

函数名(实际参数表)

9.3 函数的参数和返回值

函数的参数和返回值是在函数之间传递数据的主要方式,同时也是比较规范的方式。

9.3.1 函数的参数

我们在程序中所使用的函数参数,实际上分为形式参数和实际参数两种。形式参数(简称形参),指的是在定义被调函数时所使用的参数,比如例 9.3 中的变量 k。实际参数(简称实参),指的是在主调函数中调用被调函数时所使用的参数,比如例 9.3 中的变量 m、n 和 m—n。

定义形参的一般形式为:

类型说明符　形参 1,类型说明符　形参 2,…

需要注意,在每个形参之前都要给出类型说明符。

例如,

int max(int x,int y)

实参的一般形式为:

实参 1,实参 2,…

比如,例 9.3 中的 fact(m)、fact(n)、fact(m-n)。

函数之间如何利用实参和形参来实现数据的传递呢? C 语言规定,当主调函数调用被调函数时,将会把实参的值赋给对应的形参;但是在被调函数返回时,不会将形参的值传回给实参。这种单向的传递方式称为值传递。

比如在例 9.3 中,当主函数调用被调函数 fact 时,相当于分别执行了以下三个赋值运算:

```
k = m
k = n
k = m - n
```

很显然,参数的传递实际上就是一种赋值运算,即将实参的值赋给形参。由于形参位于赋值运算符的左侧,因此要求形参只能是变量;由于实参位于赋值运算符的右侧,故实参既可以是变量,也可以是常量或者表达式。

从类型上来说,实参与对应的形参的类型最好是相同的,当然也可以是赋值兼容的。

9.3.2 函数的返回值

函数返回值是从被调函数向主调函数传递数据的最常用的方式。所谓被调函数的返回值(也称为函数值)是指被调函数用 return 语句传递给主调函数的数据。比如,例 9.3 中用 return(p);将变量 p 的值传递到主函数中,分别作为函数调用 fact(m)、fact(n)和 fact(m—n)的函数值。

return 语句有三种形式:

（1）return；

（2）return（表达式）；

（3）return 表达式；

对于第一种形式的 return 语句，可以省略不写。

使用 return 语句和函数返回值时，要注意以下几点：

（1）每进行一次函数调用，至多有一个返回值。

例如，有如下函数：

```
int f(int x)
{
if(x > = 0)
  return 1;
else
  return - 1;
}
```

表面上看起来在这个函数中有两个 return 语句，但是并不代表该函数同时有两个返回值。因为该函数每调用一次只能执行其中的一个 return 语句，故只有一个返回值。

（2）假如一个被调函数采用 return；这种形式返回，或者省略了 return 语句，则说明该被调函数是不需要有返回值的。这时候就可以将它的函数类型定义为空值类型（即 void），以明确表示这个函数是没有返回值的。例如，例 9.2 中的被调函数 printstar 就应该定义为 void 类型。

（3）定义被调函数时，如何确定它的类型呢？一般来说，被调函数的类型应该与该函数中 return 之后表达式的类型相同。例如，例 9.3 中的被调函数 fact 就应该定义为 long 类型。

如果一个函数的类型与 return 之后表达式的类型不一致，那么该函数的类型将决定返回值的类型。

例如，若有如下函数：

```
int f(void)
{
 return 3.96;
}
```

则该函数的返回值为 3。

（4）在定义一个函数时，如果省略了函数的类型，那么 C89 标准会自动视为 int 型。而 C99 标准不允许省略函数的类型。

【例 9.4】 已知一个圆环的内外半径，要求编写一个求圆面积的被调函数，然后调用该函数求出圆环的面积。

编程思路：

（1）对于初学者，若难以直接写出求圆面积的被调函数，则可以先写出求圆面积的主函数。

```
# include < stdio. h>
int main(void)
```

```
{
 float r,s;
 scanf("%f",&r);
 s = 3.14159 * r * r;
 printf("s = %f\n",s);
 return 0;
}
```

（2）将上述主函数改写为被调函数。改写的方法就是将原程序中需要输入的变量改为形参，将原程序中需要输出的变量（或表达式）改为函数的返回值。从而得到如下被调函数。

```
float area(float r)
{
 float s;
 s = 3.14159 * r * r;
 return s;
}
```

（3）得到完整的源程序。

```
#include <stdio.h>
float area(float r)
{
 float s;
 s = 3.14159 * r * r;
 return s;
}
int main(void)
{
 float r1,r2,s1,s2,s0;
 printf("请输入圆环的外圆半径和内圆半径：");
 scanf("%f%f",&r1,&r2);
 s1 = area(r1);
 s2 = area(r2);
 s0 = s1 - s2;
 printf("圆环面积 = %f\n",s0);
 return 0;
}
```

【例9.5】 定义一个求两个数中较大数的函数，并在主函数中通过调用它求出4个数中的最大数。

编程思路：

（1）对于初学者，若难以直接写出求两个数中较大数的被调函数，则可以先写出求两个数中较大数的主函数。

```
#include <stdio.h>
int main(void)
{
 int x,y,z;
 scanf("%d%d",&x,&y);
 if(x>y)
```

```
  z = x;
 else
  z = y;
 printf("z = % d\n",z);
 return 0;
}
```

（2）将上述主函数改写为被调函数。改写的方法就是将原程序中需要输入的变量改为形参，将原程序中需要输出的变量（或表达式）改为函数的返回值，从而得到如下被调函数。

```
int max(int x, int y)
{
  int z;
  if(x > y)
   z = x;
  else
   z = y;
  return(z);
}
```

（3）进而得到完整的源程序。

```
# include < stdio. h >
int max(int x, int y)
{
  int z;
  if(x > y)
   z = x;
  else
   z = y;
  return(z);
}
int main(void)
{
 int a,b,c,d,m1,m2,m;
 printf("请输入 4 个整数: ");
 scanf(" % d % d % d % d",&a,&b,&c,&d);
 m1 = max(a,b);                              / * 调用被调函数 max 求最大数 * /
 m2 = max(c,d);
 m = max(m1,m2);
 printf("最大数 = % d\n",m);
 return 0;
}
```

9.4　函数的调用方式与函数原型

9.4.1　函数的调用方式

在主调函数中调用被调函数时，按照函数调用所起的作用来看，可以将函数调用分为两种方式。

1. 函数调用作表达式

在这种调用方式中,函数调用出现在一个表达式中,作为一个表达式的一部分,因而它本身也视为一个表达式。如果一个函数调用作为另一个函数的参数,也可以看作是函数调用作表达式。

例如:

```
s = s + fact(n);
printf(" % f\n",fact(n));
```

很显然,在这种调用方式中,函数调用的结果需要参与表达式中的运算,因此这种调用方式要求被调函数必须有返回值,即这种函数的类型不能是 void 类型。

2. 函数调用作语句

在这种调用方式中,函数调用不出现在任何表达式中,而是通过添加一个分号成为一条单独的语句。

例如:

```
printstar();
printf("Hello world!\n");
```

很显然,在这种调用方式中,不需要使用函数调用的结果参与表达式中的运算,因此这种调用方式不要求被调函数有返回值,即这种函数的类型可以定义为 void 类型。

9.4.2 函数原型的声明

当一个 C 语言程序中包含多个函数时,主调函数与被调函数的相对位置是灵活多变的,既可以将被调函数定义在主调函数之前,也可以将被调函数定义在主调函数之后。不过,如果被调函数的定义位于主调函数之后,那么系统在进行编译时将会产生很多疑问,从而不便于进行语法检查。

例如,如果将例 9.4 修改为主调函数在前、被调函数在后的形式,那么当系统对该程序进行编译时,将会首先扫描主函数。当扫描到语句 s1 = area(r1);和 s2 = area(r2);时,将会对被调函数的函数名、形参的个数、形参的类型、返回值的类型等一无所知,因而无从对主调函数中的调用格式进行合法性检查。

基于上述原因,C 语言规定,只要是在主调函数之后定义的被调函数,必须在调用之前声明其函数原型,以便于对函数的调用格式进行合法性检查。

声明函数原型的方法,就是直接将被调函数的首部复制一份加上分号构成语句即可。

例如:

```
float area(float r);
```

还有一种简化的写法,省略具体的形参变量名而只保留形参的类型。因为函数原型中形参变量的具体名称不在编译系统的合法性检查之列,因此上述函数原型可简化为如下形式:

```
float area(float);
```

被调函数原型的声明,既可以在主调函数之前进行,也可以在主调函数内部的变量定义部分进行。比较好的方式是在主调函数之前进行被调函数原型的声明。

【例 9.6】 添加了函数原型的求圆环面积的程序。

```
# include < stdio. h >
float area(float r);                          /* 声明函数原型 */
int main(void)
{
 float r1,r2,s1,s2,s0;
 printf("请输入圆环的外圆半径和内圆半径: ");
 scanf(" % f % f",&r1,&r2);
 s1 = area(r1);
 s2 = area(r2);
 s0 = s1 - s2;
 printf("圆环面积 = % f\n",s0);
 return 0;
}
float area(float r)
{
 float s;
 s = 3.14159 * r * r;
 return s;
}
```

为什么在调用库函数时,不需要声明函数原型呢?实际上,我们在程序中调用库函数时,也是需要对库函数的原型进行声明的。不过 C 语言编译系统已经帮我们完成了这项工作,在标准头文件中已对所有库函数的原型进行了声明,而编程用户只需要用 include 命令将相应的头文件包含到源程序中即可。

【例 9.7】 已知 m 是一个正整数,编程序判断 m 是否为素数(质数)。

编程思路:

(1) 素数就是只能被 1 和自身整除的大于 1 的自然数。

(2) 要判断 m 是否为素数,只需拿 m 被 2 到 $m-1$ 之间的整数 i 来除即可。

(3) 若 m(比如 $m=7$)不能被 2 整除,m 也不能被 3 整除,……,m 也不能被 $m-1$ 整除,则 m 是素数。(需要同时满足 $m-2$ 个条件。)

(4) 若 m(比如 $m=9$)能被 2 到 $m-1$ 之间的某一整数 i 整除,则 m 不是素数。(只需满足一个条件。)

由此得出算法流程图,如图 9.1 所示。

此处采用一个标志变量 flag 来记录 m 能否被 i 整除。若能整除,则 flag 清 0,m 不是素数;反之,若 flag 始终为 1,则说明所有的 i 都不能整除 m,从而 m 是素数。

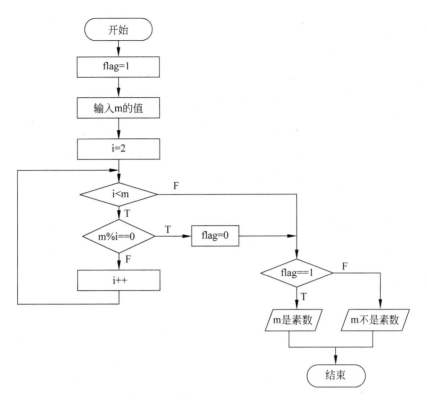

图 9.1 判断素数的算法流程图

相应的源程序：

```c
# include < stdio. h >
int main(void)
{
 int m, i;
 int flag = 1;                          /* 标志变量,初始值置为 1 */
 printf("请输入一个大于 1 的正整数：");
 scanf(" % d", &m);                      /* 以 m 作被除数 */
 i = 2;                                 /* 以 i 作除数 */
 while(i < m)                           /* i 取 2 到 m - 1 之间的整数 */
 {
  if(m % i == 0)                        /* 判断 m 能否被 i 整除 */
  {
   flag = 0;                            /* 若能整除,则 m 不是素数,标志变量清 0 */
   break;                               /* 不必继续试除,跳出循环 */
  }
  else
   i++;                                 /* 否则继续试除下一个 i */
 }
 if(flag == 1)                          /* 判断标志变量值是否改变 */
  printf(" % d 是素数\n", m);            /* 若标志变量值未改变,则 m 是素数 */
 else
```

```
    printf(" %d不是素数\n",m);                    /*若标志变量值改变,则 m 不是素数 */
    return 0;
}
```

在该程序中,为什么要在循环结束之后,再经过一次判断,然后才输出是否是素数的结论呢? 这是因为要得出一个自然数是素数的结论,必须完成一次完整的循环过程;而要得出一个自然数不是素数的结论,虽然不需要一次完整的循环过程,但是也不便于直接在循环体内输出结论。

其实,也可以在循环结束之后,根据变量 i 与 m 的大小关系得出 m 是否是素数的结论。若 m 能被 i 整除,则 m 不是素数,立即跳出循环,此时 i 必然小于 m;反之,若 i 大于或等于 m,则说明所有的 i 都不能整除 m,从而 m 是素数。

不采用标志变量的源程序:

```
#include<stdio.h>
int main(void)
{
 int m,i;
 printf("请输入一个大于 1 的正整数: ");
 scanf(" %d",&m);                              /*以 m 作被除数 */
 i = 2;                                        /*以 i 作除数 */
 while(i<m)
 {
  if(m%i==0)                                   /*判断 m 能否被 i 整除 */
   break;                                      /*若能整除,则 m 不是素数,不必继续试除 */
  else
   i++;                                        /*否则继续试除下一个 i */
 }
 if(i>=m)                                      /*判断以上循环的出口 */
  printf(" %d是素数\n",m);                      /*若从 while(i<m)跳出,则是素数 */
 else
  printf(" %d不是素数\n",m);                    /*若从 break 跳出,则不是素数 */
 return 0;
}
```

采用 while 循环实现的程序,与流程图具有较好的对应性,因而比较直观易懂。当然,也可以将该程序中的循环改为更加简洁的 for 循环。

用 for 循环实现的源程序:

```
#include<stdio.h>
int main(void)
{
 int m,i;
 printf("请输入一个大于 1 的正整数: ");
 scanf(" %d",&m);
 for(i = 2;i<m;i++)
 {
 if(m%i==0)
    break;
 }
```

```
if(i>=m)
   printf("%d是素数\n",m);
else
   printf("%d不是素数\n",m);
return 0;
}
```

想一想,在用 while 循环实现的程序中,只有当 if 条件为假时才会执行 i++;语句;当改为 for 循环之后,还能确保这项功能保持不变吗?

在前面的三个程序中,直接根据素数的定义来确定循环判断的次数。当输入的自然数很大时,将会进行很多次的循环判断,导致程序的执行效率不高。实际上,根据数论的定理,在判断大于 1 的自然数 *m* 是否为素数时,除数只需要取 2 到 sqrt(m)之间的整数即可,从而可以大大地减少循环判断的次数。

由此得到如下改进的源程序:

```
#include<stdio.h>
#include<math.h>
int main(void)
{
int m,i,k;
printf("请输入一个大于 1 的正整数: ");
scanf("%d",&m);                        /*以 m 作被除数*/
k=(int)sqrt(m);                        /*k 为不大于 sqrt(m)的最大整数*/
for(i=2;i<=k;i++)
{
if(m%i==0)
   break;
}
if(i>k)
   printf("%d是素数\n",m);
else
   printf("%d不是素数\n",m);
return 0;
}
```

【例 9.8】 编写一个判断素数的函数,然后调用该函数求出 1 000 000 以内的所有素数。

编程思路:

(1) 将上述判断素数的程序改写为被调函数。

(2) 在主函数中直接调用该被调函数。

```
int isprime(int m)
{
int i;
for(i=2;i<m;i++)
{
    if(m%i==0)
    break;
}
```

```
   if(i>=m)
    return 1;                       /*是素数返回1*/
   else
    return 0;                       /*不是素数返回0*/
}
```

该被调函数也可优化为如下形式：

```
int isprime(int m)
{
    int i;
    for(i=2;i<m;i++)
    {
     if(m%i==0)
       return(0);                   /*若能整除,则m不是素数,直接返回0*/
    }
    return(1);                      /*若执行至此,则肯定不能整除,即m是素数,返回1*/
}
```

完整源程序：

```
#include<stdio.h>
int isprime(int m)
{
    int i;
    for(i=2;i<m;i++)
    {
     if(m%i==0)
       return(0);                   /*若能整除,则m不是素数,直接返回0*/
    }
       return(1);                   /*若执行至此,则肯定不能整除,即m是素数,返回1*/
}
int main(void)
{
  int n;
  for(n=2;n<=1000000;n++)
  {
   if(isprime(n)!=0)                /*等价于if(isprime(n))*/
     printf("%d,",n);
  }
  printf("\n");
  return 0;
}
```

9.5 变量的作用域和生存期

9.5.1 变量的作用域

在C语言程序中定义的标识符,并非在整个程序中都是有效的,只有在一定的范围之内才能引用这个标识符,这个范围就称为该标识符的作用域。本节着重讨论变量的作用域。

1. 局部变量

所谓局部变量,是指变量的作用域是程序中的局部范围,而非整个程序。哪些变量是局部变量呢? 只要是在函数内部定义的变量,包括在函数体中定义的变量和在函数头中定义的形参,都是局部变量。局部变量的作用域,是从它的定义点开始直至定义它的函数体或者复合语句的末尾。

在例 9.3 中,被调函数 fact 中定义的变量 p 和 i 以及形参 k 均为局部变量,故不能直接在主函数中对变量 p 和 i 以及形参 k 进行操作。同样地,主函数中定义的变量 m、n 和 c 也都是局部变量。

【例 9.9】 局部变量示例 1。

```c
# include < stdio. h>
void fun( )
{
 s = s * 2;
 printf("fun 函数中 s = % d\n",s);
 return;
}
int main(void)
{
 int s;
 s = 10;
 fun( );
 printf("main 函数中 s = % d\n",s);
 return 0;
}
```

该程序编译时,将会出现被调函数 fun 中的变量 s 未定义的错误。这是因为在主函数中定义的变量 s 为局部变量,故 s 只能在主函数中引用,而不能在其他函数中引用。也就是说,局部变量只能在定义它的函数中引用。

【例 9.10】 局部变量示例 2。

```c
# include < stdio. h>
int main(void)
{
 int a,b;
 scanf(" % d % d",&a,&b);
 {
   int t;
   t = a;
   a = b;
   b = t;
 }
 printf("t = % d\n",t);
 printf("a = % d,b = % d\n",a,b);
 return 0;
}
```

该程序编译时,将会提示变量 t 未定义的错误。这是因为该程序中定义的变量 a、b、t 均为局部变量,而且变量 t 的作用域与变量 a、b 的作用域不同。局部变量 a、b 是在函数体的开头定义的,故它们的作用域是整个函数体;而局部变量 t 是在复合语句的开头定义的,故它的作用域是定义它的复合语句。

不过,若将该程序做如下修正,就可以正确运行。

```c
# include < stdio. h >
int main(void)
{
 int a,b;
 scanf("% d % d",&a,&b);
 {
   int t;
   t = a;
   a = b;
   b = t;
   printf("t = % d\n",t);
 }
 printf("a = % d,b = % d\n",a,b);
 return 0;
}
```

【例 9.11】 局部变量示例 3。

```c
# include < stdio. h >
void fun()
{
 int s;
 s = 20;
 printf("fun 函数中 s = % d\n",s);
 return;
}
int main(void)
{
 int s;
 s = 10;
 fun();
 printf("main 函数中 s = % d\n",s);
 return 0;
}
```

可以发现,在同一个程序的不同函数中可以定义同名的局部变量,系统将视为相互独立、互不影响的变量。

2. 全局变量

一个 C 语言程序既可以像前面所介绍的程序那样只包括一个程序文件,也可以包括多个程序文件。

全局变量是指变量的作用域是整个程序文件。在 C 语言程序中,只要是在函数外部定义的变量,一律都是全局变量。全局变量的作用域,是从其定义点开始直至本程序文件的末尾。

1) 利用全局变量在函数之间传递数据

【例 9.12】 编写一个求圆面积的被调函数以及调用它求圆环面积的主函数。要求不能使用函数返回值从被调函数向主调函数传递数据。

编程思路：

由于限定不能使用函数返回值从被调函数向主调函数传递数据，故被调函数的类型应该定义为 void 类型。那么，如何将被调函数中求得的圆面积值传递到主调函数中呢? 答案就是借助于全局变量。

源程序：

```
#include <stdio.h>
float s;
void area(float r)
{
 s = 3.14159 * r * r;
 return;
}
int main(void)
{
 float r1,r2,s1,s2,s0;
 printf("请输入圆环的外圆半径和内圆半径: ");
 scanf("%f%f",&r1,&r2);
 area(r1);
 s1 = s;
 area(r2);
 s2 = s;
 s0 = s1 - s2;
 printf("圆环面积 = %f\n",s0);
 return 0;
}
```

在该程序中，变量 s 为全局变量，因此在整个程序文件(既包括被调函数也包括主函数)中均可引用。由此可见，除了可以利用函数的参数和函数返回值之外，还可以利用全局变量来实现函数之间的数据传递。

利用被调函数的返回值传递数据有一个限制，就是每次函数调用至多有一个返回值。而利用全局变量则没有这个限制，只要定义多个全局变量，就可以将多个数据传回到主调函数中。

看起来使用全局变量在函数之间传递数据的方式很方便。不过，使用全局变量也有副作用，就是提高了函数之间的耦合性(即函数之间的相互影响性)，这种耦合性应该越低越好，因此应当尽量减少全局变量的使用。

2) 同名变量的屏蔽

在 C 语言中，允许具有不同作用域的变量重名。当全局变量与局部变量重名时，在该局部变量的作用域内，同名的全局变量将被屏蔽；当两个不同层次的局部变量重名时，在内层局部变量的作用域内，同名的外层局部变量将被屏蔽。

【例 9.13】 同名变量的屏蔽示例。

```
# include < stdio. h>
int a = 100;
int main(void)
{
 {
   int a;
   a = 200;
   {
     int a;
     a = 789;
     printf("内层的 a = % d\n",a);
   }
  printf("中层的 a = % d\n",a);
 }
 printf("外层的 a = % d\n",a);
 return 0;
}
```

程序运行结果为：

内层的 a = 789
中层的 a = 200
外层的 a = 100

可见,该程序中的变量 a 是三个相互独立、互不影响的变量。

9.5.2 变量的生存期

所谓变量的生存期,是指从变量分配内存空间开始,直至变量失效回收其内存空间为止的过程。一个变量的生存期是如何确定的呢? 变量的生存期是由其存储方式决定的,不同存储方式的变量,具有不同的生存期。

在 C 语言中,变量的存储方式分为静态和动态两种。所谓静态存储方式,是指变量一经分配内存,将在整个程序运行期间始终占据这些内存空间。而所谓动态存储方式,是指变量所占用的内存空间,将在程序运行期间根据需要动态地分配与回收。全局变量均采用静态存储方式;而局部变量既可以采用静态存储方式,也可以采用动态存储方式。

变量的存储方式是通过定义其存储类别来确定的。C 语言中共有 4 种存储类别,auto 变量、register 变量、static 变量和 extern 变量。局部变量的存储类别包括 auto 变量、register 变量和 static 变量三种,而全局变量的存储类别则包括 static 变量和 extern 变量两种。本节介绍局部变量的存储类别,全局变量的存储类别将在 9.6.3 节中介绍。

1. 自动变量

自动(auto)变量占用的内存空间,在所属函数被调用时由系统自动分配;而在所属函数返回时,由系统自动释放其内存空间。

定义自动变量的一般形式为:

auto 类型说明符 变量名表;

例如：

auto int a,b;

其实,前面我们用过的大多数变量都属于自动变量。因为只要是局部变量,同时又未声明其存储类别的,系统都会默认为自动存储类别。因此,例 9.3 中的局部变量 k、p、i、m、n、c 都属于自动变量。由于变量 k、p、i 只有在函数 fact 执行时才会被引用,在该函数退出后将不再被引用,因此只有在函数 fact 被调用时才为这三个变量分配内存,并在该函数返回时释放其内存。

此外,未经赋值的自动变量,它的值是不确定的。这就是为什么程序中的局部变量一般都需要赋初值的原因。

2. 寄存器变量

寄存器(register)变量就是在程序运行时存储于 CPU 的寄存器中的局部变量,它具有与 auto 变量相同的生存周期。

定义寄存器变量的一般形式为：

register 类型说明符 变量名表;

例如：

register int a,b;

由于寄存器变量存储于寄存器中,而非内存单元中,因而寄存器变量不具有内存地址,故不能对寄存器变量进行取地址运算。

由于新型的 C 语言编译系统能够自动地优化寄存器的分配,故定义寄存器变量已无必要。

3. 静态局部变量

静态(static)局部变量属于静态存储类别,它所占用的内存空间,在所属函数返回时并不释放,而是一直保持到整个程序运行结束为止。此外,静态局部变量还有一个特性,就是仅在运行之前将可执行程序装入内存时,进行唯一的一次初始化,而在整个程序运行过程中不再进行初始化。

定义静态局部变量的一般形式为：

static 类型说明符 变量名表;

例如：

static int a,b;

【例 9.14】 静态局部变量示例。

```c
#include <stdio.h>
int fun(int n)
{
    static int s = 0;    /* s是静态局部变量,仅在将可执行程序装入内存时进行一次初始化 */
    s = s+n;
    return(s);
```

```
    }
    int main(void)
    {
        int i,f;
        i = 3;
        f = fun(i);
        printf("f = % d\n",f);
        i = 6;
        f = fun(i);
        printf("f = % d\n",f);
        return 0;
    }
```

程序运行结果为：

```
f = 3
f = 9
```

为什么会是这样的结果呢？在该程序中，对函数 fun 进行了两次调用。在每次调用中，变量 n 和 s 的值的变化过程如下所示。

调用次别	n 的取值	函数调用时 s 的值	函数返回时 s 的值
第 1 次调用	3	0	3
第 2 次调用	6	3	9

由于被调函数 fun 中的变量 s 为静态局部变量，因此它仅在将可执行程序装入内存时被初始化为 0，而在之后的程序执行过程中不再进行初始化；其次，在函数 fun 返回主调函数时，变量 s 占用的内存空间并不立即释放（即变量 s 的值保留了下来），直至整个程序运行结束时才得以释放。

此外，未指定初值的静态局部变量，在分配内存时将会自动初始化为 0。即便如此，最好还是显式地给出静态局部变量的初值，从而使得程序更加规范。

9.6 拓展：多文件程序

一个 C 语言源程序，既可以由一个程序文件组成，也可以由多个程序文件组成。那么，如何运行一个多文件的 C 程序呢？

9.6.1 多文件程序的运行

【例 9.15】 已知一个圆环的内外半径，要求编写一个求圆面积的被调函数，然后调用该函数求出圆环的面积。

假定将该程序保存为两个文件 prg1.c 和 prg2.c。

prg1.c 源程序：

```
# include < stdio. h >
float area(float r);                    /* 必须对被调函数声明函数原型 */
int main(void)
```

```
{
 float r1,r2,s1,s2,s0;
 printf("请输入圆环的外圆半径和内圆半径：");
 scanf("%f%f",&r1,&r2);
 s1 = area(r1);
 s2 = area(r2);
 s0 = s1 - s2;
 printf("圆环面积 = %f\n",s0);
 return 0;
}
```

prg2.c 源程序：

```
float area(float r)
{
 float s;
 s = 3.14159 * r * r;
 return s;
}
```

如何运行一个多文件的 C 程序呢？首先创建一个空的项目文件，然后将源程序文件 prg1.c 和 prg2.c 分别添加到该项目中，最后对项目进行编译、连接和运行即可。

9.6.2 函数的存储类别

所有函数的定义都是全局的，故可以被同一个程序文件中的其他函数所调用。而对于具有多个源文件的程序，则可以通过声明函数的存储类别以明确该函数可否被其他程序文件中的函数所调用。

函数按存储类别分为外部函数与静态函数两种。

1. 外部函数

定义外部（extern）函数的一般形式为：

extern 类型说明符 函数名(void)

或者

extern 类型说明符 函数名(形参表)

例如：

```
extern float area(float r)
{
 float s;
 s = 3.14159 * r * r;
 return s;
}
```

一个函数被定义为外部函数之后，除了可以被同一个程序文件中的函数所调用之外，还可以被其他程序文件中的函数所调用。当外部函数需要被其他程序文件中的函数调用时，应当首先在主调函数所在的程序文件中，对该外部函数的原型进行声明。

若在定义一个函数时,未明确指定其存储类别,则默认为外部函数。例如,例 9.15 中的被调函数 area 即是外部函数。

2. 静态函数

定义静态(static)函数的一般形式为:

static　类型说明符　函数名(void)

或者

static　类型说明符　函数名(形参表)

一个函数若被定义为静态函数,则该函数只能被同一个程序文件中的其他函数所调用。

【错例】　假定求圆环的面积的源程序由 prg1.c 和 prg2.c 两个程序文件组成。

prg2.c 源程序:

```
static float area(float r)
{
 float s;
 s = 3.14159 * r * r;
 return s;
}
```

prg1.c 源程序:

```
# include < stdio.h >
static float area(float r);                /* 对被调函数声明函数原型 */
int main(void)
{
 float r1,r2,s1,s2,s0;
 printf("请输入圆环的外圆半径和内圆半径: ");
 scanf("% f % f",&r1,&r2);
 s1 = area(r1);
 s2 = area(r2);
 s0 = s1 - s2;
 printf("圆环面积 = % f\n",s0);
 return 0;
}
```

该程序编译时将会出现函数 area 未定义的错误。这是因为此处的函数 area 为静态函数,故只限于被同一个程序文件中的函数所调用。

9.6.3　全局变量的存储类别

全局变量均采用静态存储方式,即在整个程序运行期间始终占据内存空间。不过,可以利用存储类别来扩展或者限制全局变量的作用域。

按存储类别,全局变量可分为外部全局变量与静态全局变量两种。

1. 外部全局变量

未作特别声明的全局变量,即为外部(extern)全局变量。外部全局变量除了可以在定义它的程序文件中被引用之外,还可以在其他程序文件中被引用。当外部全局变量需要在其他程序文件中被引用时,应当首先在这个程序文件中,对该外部全局变量进行声明(只是说明该全局变量已经在别处定义,不需要重新分配存储空间)。

声明外部全局变量的一般形式为:

extern　类型说明符　变量名表;

例如:

extern int a,b;

【例9.16】 外部全局变量示例。

假定源程序保存为两个文件 prg1.c 和 prg2.c。

prg1.c 源程序:

```
# include < stdio.h >
extern void fun();
float x;                                    /* 定义外部全局变量 */
int main(void)
{
 x = 123;
 fun();
 printf("函数 main 中 x = % f\n",x);
 return 0;
}
```

prg2.c 源程序:

```
# include < stdio.h >
extern float x;                            /* 声明外部全局变量,表示是同一个变量 */
void fun()
{
 x = x * 100;
 printf("函数 fun 中 x = % f\n",x);
 return;
}
```

程序运行结果为:

```
函数 fun 中 x = 12300.000000
函数 main 中 x = 12300.000000
```

特别要注意,在定义外部全局变量时,不能使用 extern 关键字;只有在声明外部全局变量时,才使用 extern 关键字。否则,将会导致无法区分何处是定义、何处是声明。

显然,程序文件 prg1.c 中的 x 和 prg2.c 中的 x 是同一个变量。可见,通过声明外部全局变量,可以实现在多个程序文件中对同一个全局变量的共享。

2. 静态全局变量

若希望某个全局变量只能在定义它的程序文件中被引用,而不能在其他程序文件中被引用,则可以将其定义为静态(static)全局变量。

定义静态全局变量的一般形式为：

static 类型说明符 变量名；

例如：

static int a,b;

【例 9.17】 静态全局变量示例。

假定将该源程序保存为两个文件 prg1.c 和 prg2.c。

prg1.c 内容如下：

```c
# include < stdio.h >
extern void fun1();
void fun2();
static float x;                    /*定义静态全局变量*/
int main(void)
{
 x = 123;
 fun1();
 fun2();
 printf("函数 main 中 x = % f\n",x);
 return 0;
}
void fun2()
{x = x * 100;
 printf("函数 fun2 中 x = % f\n",x);
 return;
}
```

prg2.c 内容如下：

```c
# include < stdio.h >
static float x;                    /*定义静态全局变量*/
void fun1()
{
 x = 456;
 printf("函数 fun1 中 x = % f\n",x);
 return;
}
```

程序运行结果为：

```
函数 fun1 中 x = 456.000000
函数 fun2 中 x = 12300.000000
函数 main 中 x = 12300.000000
```

需要注意，程序文件 prg1.c 和 prg2.c 中的语句 static float x；都是定义静态全局变量（即这两个 x 是相互独立、互不关联的变量），而非声明静态全局变量。因为静态全局变量只限于在定义它的程序文件中被引用，因此当然不需要在其他程序文件中对它进行声明。

可见，通过将变量声明为静态全局变量，实现了在多个程序文件中对全局变量的隔离。

9.7 项目式案例

【**例9.18**】 编写函数实现根据年、月、日的值,返回从公元1年1月1日到这一天的总天数。然后在main函数中调用该函数,求出某一天是星期几。

编程思路:

(1) 根据9.3.2节中介绍的方法,不难将例6.12程序中的main函数改写为被调函数。

(2) 在main函数中,事先将代表星期值的7个汉字存入到一个二维字符数组中。当需要输出某一天的星期值时,直接引用该二维数组中的某一行即可。

源程序:

```c
# include < stdio.h>
int getdays(int y, int m, int d)
{
  int days;
  int n, i;
  int mon[13] = {0,31,28,31,30,31,30,31,31,30,31,30,31};   /* 每个月的天数 */
  if((y % 4 == 0)&&(y % 100!= 0)||(y % 400 == 0))
    mon[2] = 29;                                           /* 若是闰年则修正二月份的天数 */
  n = (y - 1)/4 - (y - 1)/100 + (y - 1)/400;               /* 统计到上一年的闰年个数 */
  days = (y - 1) * 365 + n;                                /* 到上一年年末的总天数 */
  for(i = 1;i <= m - 1;i++)
    days = days + mon[i];                                  /* 累加1到m - 1月的天数 */
  days = days + d;                                         /* 累加日期中的日数 */
  return days;
}
int main(void)
{
  int y, m, d, days, w;
  char weekday[7][3] = {"日","一","二","三","四","五","六"};
  printf("请输入一个年、月、日: ");
  scanf("% d % d % d",&y,&m,&d);
  days = getdays(y, m, d);
  w = days % 7;
  printf("从公元1年1月1日到这一天的总天数 = % d\n",days);
  printf("这一天是星期 % s\n",weekday[w]);
  return 0;
}
```

第10章

函数的进一步讨论

本章讨论关于函数的进一步应用,主要包括指针与数组名用作函数的参数、指针型函数、指向函数的指针以及函数的递归调用。

10.1   指针作函数参数

函数的参数不但可以是整型、实型、字符型等数值类型的数据,还可以是指针类型的数据。指针型参数的作用是将主调函数中的变量地址传递到被调函数中,即实现地址传递。

下面首先来看一个引例。

【例 10.1】   编程序实现在被调函数中将主调函数中两个局部变量的值相交换。

方法一:

首先采用参数传递的方式,将主函数中的两个局部变量作为实参。

源程序:

```
# include < stdio. h>
void swap( int m, int n)
{
    int temp;
    temp = m;
    m = n;
    n = temp;
    printf("m = % d, n = % d\n",m,n);
    return;
}
int main(void)
{
    int a,b;
    a = 3;
    b = 5;
    swap(a,b);
    printf("a = % d,b = % d\n",a,b);
    return 0;
}
```

程序运行结果为：

```
m = 5,n = 3
a = 3,b = 5
```

我们发现变量 m、n 的值确实交换过来了，但是变量 a、b 的值并没有改变。为什么呢？其原因就在于 C 语言中参数的传递是单向的，即只能将实参的值传给对应的形参，而不能将形参的值传给对应的实参。

下面我们换另外一种方法尝试一下。

方法二：

在被调函数中，通过直接引用的方式交换主调函数中两个变量的值。

源程序：

```
# include < stdio. h>
void swap( )
{
  int t;
  t = a;
  a = b;
  b = t;
  return;
}
int main(void)
{
  int a,b;
  a = 3;
  b = 5;
  swap();
  printf("a = % d,b = % d\n",a,b);
  return 0;
}
```

该程序编译时，将会产生变量 a、b 未定义的语法错误。这是因为变量 a、b 是在主函数中定义的局部变量，故不能在被调函数 swap 中直接引用变量 a、b。

既然在被调函数中不能直接引用主调函数中的局部变量，能不能想办法间接引用变量 a、b 呢？此处欲实现间接引用，须首先在被调函数中定义两个指针变量，并将变量 a、b 的地址分别赋给这两个指针变量。

方法三：

在被调函数中，通过间接引用的方式交换主调函数中两个变量的值。

源程序：

```
# include < stdio. h>
void swap( )
{
 int t, * p, * q;
 p = &a;
 q = &b;
 t = * p;
```

```
    * p = * q;
    * q = t;
  return;
}
int main(void)
{
  int a,b;
  a = 3;
  b = 5;
  swap();
  printf("a = % d,b = % d\n",a,b);
  return 0;
}
```

　　不过,该程序编译时,仍将产生变量 a、b 未定义的语法错误。其原因在于被调函数中仍然存在对变量 a、b 的直接引用。

　　如何实现在被调函数中既可以获得变量 a、b 的地址,又不会出现对变量 a、b 的直接引用呢? 答案就是利用参数传递。即在主调函数中以变量 a、b 的地址作为实参,并在被调函数中定义相对应的指针类型的形参,就可以将变量 a、b 的地址传递给被调函数中的指针变量了。

　　方法四:

　　在被调函数中,通过指针形参间接引用并交换主调函数中两个变量的值。

　　源程序:

```
# include < stdio. h >
void swap( int  * pa, int  * pb)
{
    int temp;
    temp = * pa;
    * pa = * pb;
    * pb = temp;
    return;
}
int main(void)
{
    int a,b;
    a = 3;
    b = 5;
    swap(&a, &b);
    printf("a = % d,b = % d\n",a,b);
    return 0;
}
```

　　程序运行结果为:

```
a = 5,b = 3
```

　　可见,该程序成功地在被调函数中改变了主调函数中两个局部变量的值。其实现原理是,首先将主调函数中局部变量的地址传递到被调函数中,然后在被调函数中对主调函数中的局部变量进行间接引用。其实质是一种跨函数间接引用,而此时的参数传递仍然是单向的。

swap 函数的交换过程如图 10.1 所示。

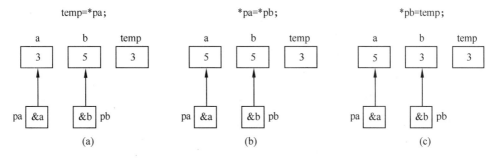

图 10.1　swap 函数的交换过程

由此,我们总结出通过指针形参实现间接引用并修改主调函数中的局部变量的一般步骤:

(1) 将主调函数中需要在被调函数中进行间接引用并修改的变量的地址作为实参。

(2) 在被调函数中定义与主调函数中的地址实参相对应的指针变量形参。

(3) 在被调函数中通过指针变量形参间接引用主调函数中相对应的变量并进行修改。

【例 10.2】　在主函数中输入三个整数,在被调函数中求出这三个整数中的最大数和最小数并传回到主函数,限定不能使用全局变量在函数之间传递数据。

编程思路:

(1) 主函数中的三个整数可以以实参的形式传递到被调函数中,因此被调函数中需要定义三个整型变量形参。

(2) 被调函数中求得的最大值,可以以返回值的形式传回到主函数中。

(3) 而被调函数中求得的最小值,则可以通过跨函数间接引用的形式传回到主函数中,因此被调函数中还需要定义一个指针变量形参。

源程序:

```c
# include < stdio.h >
int max_min(int a,int b,int c,int * p)
{
  int m,n;
  if(a > b)
  {
   m = a;
   n = b;
  }
  else
  {
   m = b;
   n = a;
  }
  if(c > m)
   m = c;
```

```
    else if(c < n)
     n = c;
    * p = n;                          / * 通过跨函数间接引用将最小值赋给主函数中的局部变量 min * /
    return m;                         / * 将最大值作为函数返回值 * /
}
int main(void)
{
    int x, y, z, max, min;
    printf("请输入三个整数: ");
    scanf(" % d % d % d", &x, &y, &z);
    max = max_min(x, y, z, &min);
    printf("最大数 = % d, 最小数 = % d\n", max, min);
    return 0;
}
```

由此可见,利用指针形参也可以从被调函数中向主调函数传递数据。其实质是在被调函数中以跨函数间接引用的形式对主调函数中的变量进行赋值。为什么 scanf 函数中的第二个参数,只能是接收数据的变量的地址而不是变量名本身,其原因即在于此。

那么,何时用普通变量作为形参,何时用指针变量作为形参呢? 若只是需要将主调函数中的数据传递给被调函数中的变量,则应当使用普通变量形参;若需要将被调函数中的数据传递给主调函数中的变量,则应当使用指针变量形参。

10.2　数组名作函数参数

由于 C 语言中的数组名实质上是一个地址,因此以数组名作为函数的参数时,其功能与指针作为函数的参数几近相同。

10.2.1　一维数组名作函数参数

首先来看一个简单的例子。

【例 10.3】　在主函数中输入 10 个数并存入一个一维数组 a 中,然后在被调函数中将数组元素 a[0] 的值扩大为原值的 10 倍。

编程思路:

根据前述内容可知,若想在被调函数中对主调函数中某个数组元素的值通过间接引用进行修改,则必须将该数组元素的地址传递到被调函数中。

源程序:

```
# include < stdio. h >
void fun( int * p)
{
 * p = * p * 10;
 return;
}
int main(void)
{
```

```
 int a[10],i;
 printf("请输入 10 个整数：\n");
 for(i = 0;i < = 9;i++)
  scanf("% d",&a[i]);
 fun(&a[0]);
 for(i = 0;i < = 9;i++)
  printf("% d,",a[i]);
 return 0;
}
```

那么,如果要在被调函数中对一个一维数组的所有元素进行间接引用,是不是需要将每个元素的地址都传递到被调函数中呢? 实际上并不需要。因为一个一维数组中所有元素的地址是连续有序的,只要知道了数组的首地址,就可以求出其他元素的地址。所以,只需要将数组的首地址传递到被调函数中即可。

这时通常以数组名(即数组的首地址)作为实参,以相应类型的指针变量作为形参。由于数组名只是一个地址,并未包含数组的长度信息,因此还需要设置另外一个参数,用来专门传递数组的长度。

【例 10.4】　在主函数中输入 10 个数并存入一个一维数组 a 中,然后在被调函数中将所有数组元素的值扩大为原值的 10 倍。

编程思路:

(1) 在主函数中以数组名 a 和数组长度作为实参。

(2) 在被调函数中以指针变量 p 和整型变量 n 作为形参。

(3) 那么,参数传递之后,在被调函数中就可以用 $*(p+0)$、$*(p+1)$、$*(p+2)$、…来间接引用主调函数中的数组元素 a[0]、a[1]、a[2]、…了。

源程序:

```
# include < stdio. h>
void fun(int * p,int n)
{
 int i;
 for(i = 0;i < = 9;i++)
   *(p + i) = *(p + i) * 10;
 return;
}
int main(void)
{
 int a[10],i;
 printf("请输入 10 个整数：\n");
 for(i = 0;i < = 9;i++)
  scanf("% d",&a[i]);
 fun(a,10);
 for(i = 0;i < = 9;i++)
  printf("% d,",a[i]);
 return 0;
}
```

【例 10.5】 在主函数中输入 10 个数并存入一个一维数组中,然后在被调函数中将主调函数中的数组内容前后倒置。

编程思路:

(1) 欲在被调函数中改变主调函数中数组元素的值,须能够在被调函数中间接引用主调函数中的数组元素。

(2) 可在主调函数中以数组名 a 和数组长度作为实参,并在被调函数中以指针变量 r 和整型变量 n 作为相应的形参。

(3) 那么,参数传递之后,在被调函数中就可以用 $*(r+i)$ 和 $*(r+j)$ 来间接引用数组元素 a[i] 和 a[j] 了。

(4) 假设实参组 a 中有 n 个元素,要实现前后倒置,就是将 a[0] 与 a[n-1] 对换,再将 a[1] 与 a[n-2] 对换,……,直到将 a[n/2-1] 与 a[(n+1)/2] 对换。

一维数组的倒置如图 10.2 所示。

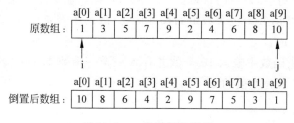

图 10.2　一维数组的倒置

算法设计:

(1) 定义两个整型变量 i 和 j,分别存储相交换的两个数组元素的下标值。

(2) 首先令 i=0、j=n-1。

(3) 若 i<j,则循环执行第(4)步和第(5)步;否则,结束循环。

(4) 将 a[i] 与 a[j] 的值相交换。

(5) 令 i++、j--。

源程序:

```c
# include < stdio. h >
void inv( int * r, int n)
{
    int i,j,t;
    for( i = 0, j = n - 1; i < j; i++, j-- )
    {
        t = * (r + i);
        * (r + i) = * (r + j);
        * (r + j) = t;
    }
    return;
}
int main(void)
{
    int a[10], i;
    printf("请输入 10 个整数: \n");
```

```
  for(i = 0;i <= 9;i++)
    scanf(" % d ",&a[i]);
  printf("原数组: \n");
  for(i = 0;i < 10;i++)
    printf(" % d ",a[i]);
  printf("\n");
  inv(a,10);
  printf("倒置后数组:\n");
  for(i = 0;i < 10;i++)
    printf(" % d ",a[i]);
  printf("\n");
  return 0;
 }
```

由于指针引用形式的 ∗(r+i)也可以表示为数组元素形式的 r[i]，因此为了使得被调函数更为直观，可以将被调函数中的指针引用形式(包括函数头中的指针形参)改写为数组形式。

数组形式的被调函数：

```
void inv( int r[ ], int n)
{
    int i,j,t;
    for(i = 0,j = n - 1;i < j;i++,j-- )
    {
     t = r[i];
     r[i] =  r[j];
     r[j] = t;
    }
    return;
}
```

几点说明：

(1) 将函数头中的指针形参改写为数组形式，只是为了直观。从本质上来说数组形参仍然是指针变量，因此不必在方括号中指定数组形参的长度。

(2) 因为形参数组名本质上是指针变量，故可以对形参数组名进行赋值。例如，在上述数组形式的被调函数中，语句 r++;是正确的。

(3) 被调函数头中定义的数组可以称之为形参数组。当然从本质上来说，形参数组并不存在。因为这里数组元素形式的 r[i]，不过是指针形式的 ∗(r+i)的一种更为直观的表示形式而已。

(4) 因此，形参数组与实参数组，在内存空间上是完全重叠的。对形参数组的操作，就是对实参数组的操作，如图 10.3 所示。

可见，用数组名作函数参数，只需要向被调函数传递数组的首地址和长度，而不需要传递所有数组元素的值，因而具有较高的存储效率和时间效率。

【例 10.6】 在主函数中输入两个字符串，然后在被调函数中将两个字符串连接为一个字符串。限定不能调用字符串连接库函数 strcat。

编程思路：

(1) 欲实现两个字符串的连接，只需先找到第一个字符串中空字符'\0'的位置，这个位

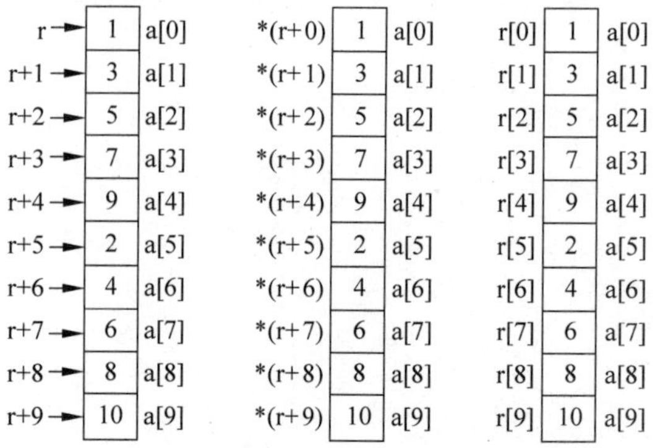

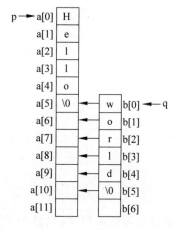

图 10.3　形参数组与实参数组的对应关系

置就是存储第二个字符串的起始位置。

（2）将第二个字符串中的字符逐个复制到第一个字符串之后，添加上'\0'即可，如图 10.4 所示。

图 10.4　两个字符串连接

算法设计：

（1）在主函数中，输入两个字符串并存入到两个字符数组中。

（2）将两个字符数组的首地址传递给被调函数中的两个字符指针形参。

（3）先通过第一个指针形参找到第一个字符串中'\0'的位置。

（4）将第二个指针形参所指向的字符串中的字符逐个复制到第一个字符串的末尾，直至遇到'\0'为止。

源程序：

```c
# include < stdio. h >
void scat(char * p,char * q)        /* p指向第一个字符串,q指向第二个字符串 */
{
    while( * p!= '\0')
      p++;                         /* 找到第一个字符串中'\0'的位置 */
    while( * q!= '\0')
      {
```

```
        * p = * q;                 /* 将第二个字符串中的字符复制到第一个字符串末尾 */
        p++;
        q++;
    }
    * p = '\0';                     /* 在新字符串末尾添加'\0' */
}
int main(void)
{
    char a[80],b[80];
    printf("请输入两个字符串: \n");
    gets(a);
    gets(b);
    scat(a,b);
    printf("合并后的字符串是: \n");
    puts(a);
    return 0;
}
```

10.2.2　拓展：二维数组名作函数参数

若想在被调函数中对主调函数中的某个二维数组的元素进行间接引用,则必须将该二维数组的元素地址传递到被调函数中。

为了能够在被调函数中获得二维数组所有元素的地址,可以将二维数组的数组名(即二维数组的首行地址)作为实参传递到被调函数中。因为二维数组的数组名本质上是一个行指针,因此被调函数中对应的形参应该是一个行指针变量。

由于在行指针中只包含了二维数组中每行的长度(即列数)信息,而并未包含行数信息,因此通常需要设置另外一个参数用来传递二维数组的行数。

【例10.7】　在主函数中输入一个二维数组,然后在被调函数中求出每一行的平均值,最后在主函数中输出结果。

编程思路:

(1) 欲在被调函数中引用二维数组的元素,须将主函数中二维数组的首行地址传递到被调函数中。

(2) 在主函数中,以二维数组名与二维数组的行数作为实参;在被调函数中,以行指针变量 x 与整型变量 m 作为形参。

(3) 由于需要将被调函数中求得的平均值传回到主函数中的一维数组中,因此在主函数中增加一个一维数组名作为实参,而在被调函数中相应地增加一个一维数组形参。

源程序:

```
# include < stdio. h >
# define M 5
# define N 6
void aver(float ( * x)[N],float a[ ], int m);
int main(void)
{
    float g[M][N],avg[M];
    int i,j;
```

```
for(i = 0;i < M;i++)                    /* 行优先次序,外循环控制行号,内循环控制列号 */
{
  printf("请输入第 % d 行 % d 列元素的值: \n",i,N);
  for(j = 0;j < N;j++)
    scanf(" % f",&g[i][j]);
}
aver(g,avg,M);
for(i = 0;i < M;i++)
  printf("第 % d 行的平均值: % f\n",i,avg[i]);
return 0;
}
void aver(float ( * x)[N],float a[],int m)
{
  int i,j;
  for(i = 0;i < m;i++)
  {
    a[i] = 0;                           /* a[i]先用于存放第 i 行的总和 */
    for(j = 0;j < N;j++)
    a[i] = a[i] + * ( * (x + i) + j);   /* 累加第 i 行所有元素 */
    a[i] = a[i]/N;                      /* a[i]后用于存放第 i 行的平均值 */
  }
  return;
}
```

为了使得程序更加直观,C 语言允许将被调函数中指针引用形式的 * (* (x+i)+j)表示为数组元素形式的 x[i][j];同时,允许将函数头中的行指针形参 float (* x)[N]表示为二维数组形式的 float x[][N]。

由此得到数组形式的被调函数:

```
void aver(float x[][N],float a[],int m)
{
  int i,j;
  for(i = 0;i < m;i++)
  {
    a[i] = 0;                           /* a[i]先用于存放第 i 个行的总和 */
    for(j = 0;j < N;j++)
    a[i] = a[i] + x[i][j];              /* 累加第 i 行所有元素 */
    a[i] = a[i]/N;                      /* a[i]后用于存放第 i 行的平均值 */
  }
  return;
}
```

需要注意,将函数头中的行指针形参改写为二维数组的形式,只是为了直观。从本质上来说,二维数组形参仍然是行指针变量,因此不必在方括号中指定二维数组形参的行数,但是必须明确指定它的列数。

【例 10.8】 在主函数中输入若干名学生的姓名及成绩,然后在被调函数中实现按照成绩降序排序。

编程思路:

(1) 在主函数中,定义两个长度相同、相互关联的数组分别存储学生的姓名及成绩。

（2）在主函数中，以两个数组的数组名及数组长度作为实参；在被调函数中，以相应类型的数组及整型变量作为形参。

源程序：

```
# include < stdio. h>
# define N 6
void sort(char w[ ][9],float m[ ],int n)
{
    int i,j;
    float t;
    for(i = 0;i <= n - 2;i++)
     for(j = i + 1;j <= n - 1;j++)
     {
      if(m[ i]< m[ j])
      {
      t = m[ i];
      m[ i] = m[ j];
      m[ j] = t;                    /* 交换两个成绩 */
      }
     }
    return;
}
int main(void)
{
  char name[N][9];
  float score[N];
  int i;
  printf("请依次输入 % d 名学生的姓名与成绩:\n",N);
  for(i = 0;i < N;i++)
  {
     scanf(" % s",name[i]);
     scanf(" % f",&score[i]);
  }
  sort(name,score,N);                /* 调用被调函数 sort */
  printf("排序之后的结果:\n");
  for(i = 0;i < N;i++)
  {
     printf(" % s:",name[i]);
     printf(" %.1f\n",score[i]);
  }
  return 0;
 }
```

运行该程序时，发现存在一个问题，就是成绩确实已经按照降序排序，但是姓名与成绩的对应关系却被打乱了。这是因为在排序部分的双重循环中，当 if 条件为真时，只交换了两个成绩的值，而并未交换两个姓名的值，从而导致对应关系错乱。

更正之后的源程序如下：

```
# include < stdio. h>
# include < string. h>
```

```c
#define N 6
void sort(char w[][9],float m[],int n)
{
    int i,j;
    char s[9];
    float t;
    for(i=0;i<=n-2;i++)
    for(j=i+1;j<=n-1;j++)
    {
     if(m[i]<m[j])
     {
      t=m[i];
      m[i]=m[j];
      m[j]=t;                 /*交换两个成绩*/
      strcpy(s,w[i]);
      strcpy(w[i],w[j]);
      strcpy(w[j],s);         /*交换两个姓名*/
     }
    }
    return;
}
int main(void)
{
  char name[N][9];
  float score[N];
  int i;
  printf("请依次输入%d名学生的姓名与成绩:\n",N);
  for(i=0;i<N;i++)
  {
      scanf("%s",name[i]);
      scanf("%f",&score[i]);
  }
  sort(name,score,N);
  printf("排序之后的结果:\n");
  for(i=0;i<N;i++)
  {
      printf("%s:",name[i]);
      printf("%.1f\n",score[i]);
  }
  return 0;
}
```

10.3　指针型函数和指向函数的指针

10.3.1　指针型函数

在 C 语言中,一个函数的返回值也可以是一个指针,这种返回指针值的函数称为指针型函数。

定义指针型函数的一般形式为：

类型说明符　＊函数名(形参表)
函数体

此处出现在函数名之前的"＊"表明这是一个指针型函数,即返回值是一个指针。
例如：

```
int ＊f(int x,int y)
{
    …                            /＊函数体＊/
}
```

则 f 是一个指针型函数,其返回值是一个指向 int 型的指针。

【例 10.9】　编写一个从字符串中截取子串的函数,要求其返回值为子串的首地址。

编程思路：

要截取子串,需提供源字符串、子串起始位置和子串长度,主函数中可以将这三项信息作为实参传递到被调函数中。

算法设计：

(1) 在被调函数中,从源字符串中找到子串的起始位置。

(2) 从该位置开始,将源字符串中的字符逐个地复制到存放子串的字符数组中,直至达到子串长度后添加'\0'。

(3) 返回存放子串的字符数组名(即子串的首地址)。

源程序：

```
# include < stdio. h >
# include < string. h >
char ＊subs(char ＊p,int n,int k)
{
 static char a[80];              /＊必须定义为静态数组＊/
 int i;
 p = p + n;                      /＊找到子串的起始位置＊/
 for(i = 0;i < k;i++)
 {
   a[i] = ＊p;
   p++;
 }
 a[i] = '\0';
 return a;
}
int main(void)
{
  char s[80];
  int m,h;
  printf("请输入源字符串：");
  gets(s);
  printf("请输入子串起始位置：");
  scanf("％d",&m);
```

```
    printf("请输入子串长度: ");
    scanf(" % d",&h);
    printf("截取的子串是: ");
    puts(subs(s,m,h));
    return 0;
}
```

需要注意,指针型函数只可以返回全局变量或数组、静态局部变量或数组以及在其主调函数中定义的变量或数组的地址,因为这些变量或数组在当前的被调函数返回之后将依然存在,不能返回在当前函数中定义的自动存储类别的变量或数组的地址,因为这种变量或数组的存储空间将在当前函数返回时被释放,从而导致该地址指向未分配的内存空间。

例如,若将上述程序中数组 a 的定义改为 char a[80];,则该程序编译时,将会产生函数返回局部变量地址的警告信息。其原因是被调函数中定义的数组 a 属于自动存储类别,其存储空间将在函数返回时被释放。

10.3.2　指向函数的指针

在 C 语言中,不但可以定义指向变量或数组的指针,还可以定义指向函数的指针,因为一个函数的代码也是存储在一段连续的内存空间中的。

为了使用方便,C 语言规定可以用一个函数的函数名来代表该函数所占内存空间的首地址。

定义指向函数的指针变量的一般形式为:

类型说明符(∗ 变量名)(形参类型表);

其中,类型说明符是所指向函数的返回值类型,而最后的一对圆括号及形参类型表则表示该指针变量指向一个函数。

例如:

int (∗ p)(int, int);

该语句定义了一个指向函数的指针变量 p,被指向的函数必须有两个 int 型的形参并且返回值是 int 型。

【例 10.10】　用指向函数的指针变量实现函数调用。

源程序:

```
# include < stdio. h >
int max( int a, int b)
{
    int m;
    if (a > b)
        m = a;
    else
        m = b;
    return m;
}
int main(void)
{
```

```
        int ( * pmax)(int,int);          / * pmax 是指向函数的指针 * /
        int x,y,z;
        pmax = max;                      / * 使指针 pmax 指向函数 max * /
        printf("请输入两个整数: ");
        scanf(" % d % d",&x,&y);
        z = ( * pmax)(x,y);              / * 用函数指针 pmax 间接调用函数 max * /
        printf("最大值 = % d\n",z);
        return 0;
    }
```

需要注意,指向函数的指针变量名也可以直接作为函数名使用。因此,上例中的语句
z=(* pmax)(x,y);也可以写作 z=pmax(x,y);。

那么,通过指向函数的指针来调用函数有什么优势呢? 其实,其主要优势在于指向函数
的指针可以用作其他函数的参数,下面来看一个这方面应用的示例。

【例 10.11】　编程序用梯形法求函数 $\sin(x)$ 在区间 $[a,b]$ 上的定积分。

编程思路:

(1) 根据定积分的几何意义,函数 $f(x)$ 在区间 $[a,b]$ 上的定积分,等于该函数曲线与 x
轴及直线 $x=a$、$x=b$ 所包围的曲边梯形的面积;并且位于 x 轴上方部分的面积为正值,位
于 x 轴下方部分的面积为负值,如图 10.5 所示。

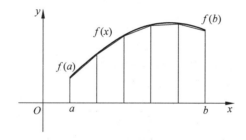

图 10.5　梯形法求定积分

(2) 欲求该曲边梯形的面积,可以用一组平行于 y 轴的直线将线段 ab 划分为 n 等份,
从而得到 n 个高度为 $h=(b-a)/n$ 的等高的小曲边梯形。

(3) 那么,第 1 个小曲边梯形的上底与下底长度分别为 $f(a)$、$f(a+h)$;第 2 个小曲边
梯形的上底与下底长度分别为 $f(a+h)$、$f(a+2h)$;依此类推。

(4) 用梯形面积公式分别求出每个小曲边梯形的面积近似值。

(5) 所有小曲边梯形的面积近似值之和就是大曲边梯形的面积近似值,也就是该定积
分的近似值。

源程序之一:

```
# include < stdio. h >
# include < math. h >
# define FUN sin
double integ(double ( * p)(double),double a,double b)
{
 double s,x1,x2,h;
 int n = 1000000,i;
 h = fabs(b - a)/n;
```

```
 s = 0;
 for( i = 0; i < = n - 1; i++)
 {
  x1 = a + i * h;
  x2 = a + ( i + 1) * h;
  s = s + ( * p)(x1) + ( * p)(x2);
 }
 s = s * h/2;
 return s;
}
int main(void)
{
 double s,a,b;
 printf("请输入定积分的下限与上限: \n");
 scanf(" % lf % lf",&a,&b);
 s = integ(FUN,a,b);
 printf("s = % .20lf\n",s);
 return 0;
}
```

源程序之二：

```
# include < stdio. h >
# include < math. h >
# define FUN sin
double integ(double ( * p)(double),double a,double b)
{
 double s,x,h;
 int n = 1000000,i;
 h = fabs(b - a)/n;
 s = (( * p)(a) + ( * p)(b))/2;
 for( i = 1; i < = n - 1; i++)
 {x = a + i * h;
  s = s + ( * p)(x);
 }
 s = s * h;
 return s;
}
int main(void)
{
 double s,a,b;
 printf("请输入定积分的下限与上限: \n");
 scanf(" % lf % lf",&a,&b);
 s = integ(FUN,a,b);
 printf("s = % .20lf\n",s);
 return 0;
}
```

要注意区分指向函数的指针和指针型函数在形式和含义上的不同。

(1) int (* p)();定义了一个指向函数的指针变量 p,被指向函数的返回值必须为 int 型。此处,(* p)两边的括号不可少。

（2）int ＊p();定义了一个返回值为 int 型指针的函数,即 p 是一个指针型函数,＊p 的两边无括号。

10.4　函数的递归调用

有时候我们在定义某一个事物的时候,又直接或间接地引用了该事物本身,这样的定义方式称为递归定义。例如,将 n 的阶乘定义为 n−1 的阶乘乘以 n,就是一个递归定义。同样地,如果在定义一个函数时,又直接或间接地调用了该函数自身,这样的函数称为递归函数。

那么这个递归定义会不会是一个无限循环呢? 不会。因为 $n! = n * (n-1)! = n * (n-1) * (n-2)! = \cdots = n * (n-1) * (n-2) * \cdots * 1!$,而 $1!$ 等于 1。

可见,递归的思想就是将一个复杂的问题 P_0 转化为类似而更简单的问题 P_1,再将 P_1 转化为类似而更简单的问题 P_2,以此类推,直到得到的问题 P_n 足够简单,可以立即求得解为止。然后再反向推出 P_{n-1}、P_{n-2}、$\cdots$、P_1、P_0 的解。

下面就来看一个具体的函数递归调用问题。

【例 10.12】　首先编写用递归法求阶乘的函数,然后在主函数中调用它。

编程思路:

根据阶乘的递归定义 $n! = n * (n-1)!$,可以得到求 $n!$ 的递归函数的编程思路如下。

（1）将求 $n!$ 的函数首部定义为 float fact(int n)。

（2）若 n 的值为 1,则可以直接求得其阶乘为 1。

（3）否则,可以先求出 n−1 的阶乘,然后再乘上 n,即得 n 的阶乘;而 n−1 的阶乘可以通过以 n−1 作为实参调用函数 fact 本身来求得,即 n 的阶乘等于 fact(n−1) ＊ n。

由此可以得出如下递归函数及相应的主函数。

源程序:

```
# include < stdio. h >
float fact(int n)
{
 float f;
 if(n == 1)
  f = 1;
 else
  f = n * fact(n - 1);
 return(f);
}
int main(void)
{
 float y;
 int m;
 printf("请输入一个正整数: ");
 scanf(" % d",&m);
 y = fact(m);
```

```
printf(" % d!= % .0f\n",m,y);
return 0;
}
```

该程序真的能求出 m 的阶乘吗？其中递归函数的调用与返回过程是怎样的呢？下面就以 m 取值 3 为例来作一下分析。为便于分析,将其中的被调函数重写了三遍。

主函数:

```
int main(void)
{
float y;
int m;
printf("请输入一个正整数: ");
scanf(" % d",&m);
y = fact(m);
printf(" % d!= % .0f\n",m,y);
return 0;
}
```

fact 函数的第一次调用:

```
float fact(int n)
{
float f;
if(n == 1)
 f = 1;
else
 f = n * fact(n - 1);
return(f);
}
```

fact 函数的第二次调用:

```
float fact(int n)
{
float f;
if(n == 1)
 f = 1;
else
 f = n * fact(n - 1);
return(f);
}
```

fact 函数的第三次调用:

```
float fact(int n)
{
float f;
if(n == 1)
 f = 1;
else
 f = n * fact(n - 1);
```

```
   return(f);
  }
```

该程序从主函数开始执行,假定输入 m 的值为 3。当执行到 y=fact(m)时,转入 fact 函数的第一次调用。将实参 3 赋给形参 n,再执行函数体中 if 语句的 else 子句 f=3 * fact (2);。此时产生 fact 函数的第二次调用。将实参 2 赋给形参 n,再执行函数体中 if 语句的 else 子句 f=2 * fact(1);。此时产生 fact 函数的第三次调用。将实参 1 赋给形参 n,再执行函数体中 if 语句的 if 子句 f=1;。然后执行 return(f);将第三次调用的返回值传回到第二次调用中,作为 fact(1)的函数值。进而求出第二次调用的 f 值为 2。然后执行 return(f); 将第二次调用的返回值传回到第一次调用中,作为 fact(2)的函数值。进而求出第一次调用 的 f 值为 6。然后执行 return(f);将第一次调用的返回值传回到主函数中,作为 fact(3)的 函数值。至此完成 fact 函数的递归调用过程。

可以看出,函数的调用次序是 main()→fact(3)→fact(2)→fact(1),而函数的返回次序 则是 fact(1)→fact(2)→fact(3)→main()。

从递归程序的执行过程可以发现,递归程序的执行效率并不高。但是,有的问题特别适 合用递归方法编程,有的问题甚至于只能用递归方法编程,这就是递归程序存在的理由 所在。

【例 10.13】 用递归法求出斐波那契数列的前 40 项。

编程思路:

斐波那契数列的变化规律是:fib(1)=1,fib(2)=1,fib(n)=fib(n-2)+fib(n-1)。可见, 该问题适合采用递归的方法编程序求解。

由上述规律可得到求斐波那契数列第 n 项的递归函数的编程思路如下:

(1) 定义求斐波那契数列第 n 项的函数首部为 long fib(int n)。

(2) 如果 n 的值为 1 或 2,则该函数值为 1;否则,该函数值就可以表示为 fib(n-2)+ fib(n-1)。其中的 fib(n-2)与 fib(n-1),分别是以 n-2 与 n-1 为实参对 fib 函数的递归 调用,故其函数值分别为斐波那契数列的第 n-2 项与第 n-1 项。

由此可以得出如下递归函数及相应的主函数。

源程序:

```
# include < stdio.h>
long fib(int n)
{
 long f;
 if(n == 1||n == 2)
  f = 1;
 else
  f = fib(n - 2) + fib(n - 1);
 return(f);
}
int main(void)
{
 int i;
 for(i = 1;i <= 40;i++)
  printf(" % 16ld",fib(i));
```

```
    return 0;
}
```

运行该程序时,将会发现后面几项的输出速度明显变慢。请计算一下,在求第 40 项时,总共进行了多少次递归调用。

10.5　项目式案例

【例 10.14】　假设某歌手大奖赛有 M 名选手、N 名裁判,选手的得分规则是去掉一个最高分、一个最低分,然后计算平均分。编程序在主函数中输入选手的姓名及裁判的打分,然后在第一个被调函数中求出每个选手的平均分,在第二个被调函数中按选手的平均分降序排序,最后在主函数中输出结果。

编程思路:

(1) 定义三个相互关联的数组,分别存储选手的姓名、各裁判的打分和平均分。

(2) 在第一个被调函数中求出每个选手的总分、最高分、最低分,进而求出平均分。

(3) 在第二个被调函数中按选手的平均分降序排序。

源程序:

```c
#include <stdio.h>
#include <string.h>
#define M 5                         /* 选手人数 */
#define N 6                         /* 裁判人数 */
void aver(float x[][N],float a[],int m);
void sort(char w[][9],float a[],int m);
int main(void)
{
 float g[M][N],avg[M];
 char name[M][9];
 int i,j;
 for(i=0;i<M;i++)
 {
  printf("请依次输入第%d个选手的姓名及%d项得分:\n",i+1,N);
  scanf("%s",&name[i]);
  for(j=0;j<N;j++)
     scanf("%f",&g[i][j]);           /* g[i][j]是第 i 个选手的第 j 个得分 */
 }
 aver(g,avg,M);
 printf("排序之前的结果:\n");
 for(i=0;i<M;i++)
  printf("选手%s的平均分: %.2f\n",name[i],avg[i]);
 sort(name,avg,M);
 printf("排序之后的结果:\n");
 for(i=0;i<M;i++)
  printf("选手%s的平均分: %.2f\n",name[i],avg[i]);
 return 0;
}
```

```
void aver(float x[ ][N],float a[ ],int m)        /* 计算每个选手的平均分 */
{
  int i,j;
  float max,min;                                  /* max 存储最高分,min 存储最低分 */
  for(i = 0;i < m;i++)
  {
    a[i] = x[i][0];                               /* a[i]先用于存放第 i 个选手的总分 */
    max = min = x[i][0];
    for(j = 1;j < N;j++)
    {
      a[i] = a[i] + x[i][j];                      /* 累加第 i 个选手所有得分 */
      if(x[i][j] > max)
        max = x[i][j];
      else if(x[i][j] < min)                      /* x[i][j]只有不大于 max 时,才有可能小于 min */
        min = x[i][j];
    }
    a[i] = a[i] - max - min;                       /* 减去一个最高分、一个最低分 */
    a[i] = a[i]/(N - 2);                           /* a[i]是第 i 个选手的平均分 */
  }
  return;
}
void sort(char w[ ][9],float a[ ],int m)          /* 按选手的平均分降序排序 */
{
    int i,j;
    char s[9];
    float t;
    for(i = 0;i <= m - 2;i++)
     for(j = i + 1;j <= m - 1;j++)
     {
     if(a[i] < a[j])
     {
      t = a[i];
      a[i] = a[j];
      a[j] = t;
      strcpy(s,w[i]);
      strcpy(w[i],w[j]);
      strcpy(w[j],s);
      }
     }
    return;
}
```

第11章

编译预处理命令

编译预处理是指 C 语言的编译系统在对源程序进行编译之前,将首先调用预处理器对源程序中的预处理命令进行处理,然后再对处理后的程序进行编译,从而生成目标程序。

由于编译预处理命令不属于 C 语言的语句,因此在命令的末尾不能添加分号。预处理命令通常写在程序文件的开始部分,并位于函数体的外部。一条预处理命令必须单独占一行,而且在"♯"之前不能有任何非空白字符。

例如:

```
# include < stdio. h >
# define PI 3.1415926
```

合理地使用编译预处理功能,可以改善程序的可读性、可维护性以及可移植性,同时也有利于程序的模块化。

11.1 宏定义命令

宏就是在 C 语言程序中定义的、用于代表一段反复引用的文本的标识符。一般来说,宏的名字比它所代表的文本更直观简洁,因而可以增强程序的可读性与可维护性。

11.1.1 不带参数的宏定义

不带参数的宏定义的一般形式为:

```
# define  宏名  替换文本
```

其中的宏名必须是标识符,为了醒目习惯上用大写字母表示。替换文本是任意的字符序列,但不需要用双引号括起来。

一旦定义了宏,就可以在程序中使用宏名来代表替换文本了。而当系统进行预处理时,则会用替换文本替换程序中的所有宏名(字符串内部的宏名除外),这个过程称为宏替换或宏展开。

不带参数的宏定义最常见的用法是定义符号常量。

【例 11.1】 不带参数的宏定义。

```
# include < stdio.h >
# define PI 3.14159
int main(void)
{
    float r,s,v;
    printf("请输入球体的半径: ");
    scanf(" % f",&r);
    s = 4 * PI * r * r;
    v = 4.0/3 * PI * r * r * r;
    printf("表面积 = % f,体积 = % f\n",s,v);
    return 0;
}
```

说明:

(1) 在定义新的宏名时,可以引用已定义的宏名。

【例 11.2】 不带参数的宏定义。

```
# include < stdio.h >
# define X 10
# define Y X + 6
int main(void)
{
    int w;
    w = 3 * Y;
    printf("w = % d\n",w);
    return 0;
}
```

程序运行结果为:

```
w = 36
```

这个结果看起来有些不可思议,而这恰恰是宏替换的特点所在。这是一种机械死板的替换,不允许在替换文本中随意地添加括号或其他字符。

在该程序中宏替换的过程为:

```
w = 3 * Y → 3 * X + 6 → 3 * 10 + 6 → 36
```

(2) 宏名的作用域是从定义处开始直至当前源程序文件的末尾。不过,可以使用 undef 命令终止其作用域。

undef 命令的一般形式为:

```
# undef 宏名
```

例如:

```
# define PI 3.14159
int main(void)
{
  …
```

```
}
# undef PI
int f(void)
{
  …
}
```

此时,宏名 PI 只在 define 与 undef 之间有效。

11.1.2　带参数的宏定义

带参数的宏定义的一般形式为:

#define　宏名(形参表)　替换文本

例如:

#define　S(x,y)　x * y

带参数的宏的用法与函数调用非常相似,一旦定义就可以在程序中调用它。

其调用的一般形式为:

宏名(实参表)

在编译预处理时,首先将源程序中所有带参数的宏调用替换为宏定义中的替换文本;然后再将替换文本中的形参替换为宏调用中的实参。

【例 11.3】　带参数的宏的定义及调用。

```
# include < stdio. h >
# define S(x,y) x * y
int main(void)
{
    int a,b,c;
    a = 20;
    b = 10;
    c = S(a + b,a - b);
    printf("c = % d\n",c);
    return 0;
}
```

程序运行结果为:

c = 210

可以发现,该程序的运行结果与我们的一般预期不一致。这是因为宏替换是一种机械死板的替换,不允许在替换文本中随意地添加括号或其他字符。

该程序中宏调用的替换过程为:

S(a + b,a - b) → x * y → a + b * a - b → 20 + 10 * 20 - 10 → 210

为了使得宏调用的替换结果与我们的一般预期相一致,应当将宏定义中的每个形参及整个替换文本分别用圆括号括起来。

【**例 11.4**】 带参数的宏的定义及调用。

```c
# include < stdio. h >
# define S(x,y) ((x) * (y))
int main(void)
{
    int a,b,c;
    a = 20;
    b = 10;
    c = S(a + b,a - b);
    printf("c = % d\n",c);
    return 0;
}
```

程序运行结果为:

c = 300

该程序中宏调用的替换过程为:

S(a + b,a - b) → ((x) * (y)) → ((a + b) * (a - b)) → ((20 + 10) * (20 - 10)) → 300

11.2　文件包含命令

文件包含就是允许在一个源程序文件中嵌入另一个源程序文件的内容,以此提高代码的复用性。被包含的文件的内容通常是一些公用的宏定义、函数原型的声明等。

文件包含命令的一般形式如下:

include <文件名>

或者

include "文件名"

其中,被包含文件的扩展名一般为. h(含义为头文件),也可以是扩展名为. c 的源程序文件。一条 include 命令只能指定一个被包含文件。

那么,这两种格式有什么区别呢? 在 include 命令中使用尖括号时,将会只在系统指定的目录中查找被包含文件。使用双引号时,将会首先在当前目录中查找被包含文件;若找不到,再到系统指定的目录中去查找。因此,尖括号格式适用于系统定义的头文件;双引号格式适用于用户定义的包含文件。

在编译预处理时,将会用被包含文件的源代码取代该条文件包含命令。

【**例 11.5**】 编写求圆的面积的被调函数以及调用它求圆环面积的主函数。要求将两个函数分别保存到两个程序文件中,并利用文件包含命令,实现两个程序文件的连接。

prg2. c 源程序:

```c
float area(float r)
{
```

```
 float s;
 s = 3.14159 * r * r;
 return s;
}
```

prg1.c 源程序：

```
# include < stdio.h>
# include "prg2.c"
int main(void)
{
 float r1,r2,s1,s2,s0;
 printf("请输入圆环的外圆半径和内圆半径：");
 scanf("%f%f",&r1,&r2);
 s1 = area(r1);
 s2 = area(r2);
 s0 = s1 - s2;
 printf("圆环面积 = %f\n",s0);
 return 0;
}
```

该程序如何编译运行呢？可以首先创建一个空的 C 语言项目,然后将 prg1.c 添加到项目中；但不需要将 prg2.c 添加到项目中,只需将 prg2.c 置于 prg1.c 所在的目录中即可。

在编译预处理时,将会删除文件 prg1.c 中的 # include "prg2.c"这条命令,而代之以文件 prg2.c 的源代码。可见,在对程序进行编译之前,两个文件已经合并成为一个文件。

11.3 拓展：条件编译

在一般情况下,C 语言源程序中的所有语句都要进行编译。若希望当满足某个条件时只编译程序中的一部分程序段,不满足时编译另一部分程序段,则可以采用条件编译方式。条件编译可以使得同一个源程序在不同的条件下产生不同的目标代码,从而缩短目标代码的长度,减少内存的开销,并提高程序的运行效率。这对于较大型程序的调试和移植是非常有效的。

条件编译通常有以下三种形式。

1. # if 指令

格式：

```
# if 常量表达式
  程序段 1
[# else
  程序段 2]
# endif
```

其功能是若常量表达式的值为非 0,则对程序段 1 进行编译；否则,对程序段 2 进行编译。

我们在调试程序时,通常需要在程序中输出中间变量的结果。而当调试成功之后,则需要删除这些语句。利用♯if命令,可以非常方便地控制在编译时保留或者删除这些输出中间结果的语句。

【例 11.6】 已知地球的赤道半径为 6377.830 千米,并已知赤道上任意两点的经度值,编程序计算这两点之间的球面距离。要求利用♯if命令控制条件编译。

源程序:

```
# define DEBUG 1
# include < stdio. h >
# include < math. h >
# define PI 3.14159
int main(void)
{double r,a,b,t,arc;
 r = 6377.830;
 printf("请输入两个经度值(单位为度、以空格分隔): ");
 scanf(" % lf % lf",&a,&b);
 t = fabs(a - b);
 # if DEBUG
 printf("第一个 t = % lf\n",t);
 # endif
 if(t > 180)
   t = 360 - t;                          /*将优角转化为劣角*/
 # if DEBUG
 printf("第二个 t = % lf\n",t);
 # endif
 t = t/180 * PI;
 # if DEBUG
 printf("第三个 t = % lf\n",t);
 # endif
 arc = t * r;
 printf("两点之间的球面距离 = % lf 千米\n",arc);
 return 0;
}
```

在对该程序进行调试时,将 DEBUG 定义为 1,则该程序被编译时将保留♯if与♯endif之间的所有语句。在该程序调试成功之后,将 DEBUG 定义为 0,则该程序被编译时将删除♯if与♯endif之间的所有语句。

2. ♯ifdef 命令

格式:

```
# ifdef 标识符
  程序段 1
[ # else
  程序段 2]
# endif
```

其功能是若在该程序文件中已经用♯define命令定义过这个宏名,则对程序段 1 进行编译;否则,对程序段 2 进行编译。

【例 11.7】　已知地球的赤道半径为 6377.830 千米,并已知赤道上任意两点的经度值,编程序计算这两点之间的球面距离。要求利用 #ifdef 命令控制条件编译。

源程序:

```
#define DEBUG
#include <stdio.h>
#include <math.h>
#define PI 3.14159
int main(void)
{
 double r,a,b,t,arc;
 r = 6377.830;
 printf("请输入两个经度值(单位为度、以空格分隔): ");
 scanf("%lf%lf",&a,&b);
 t = fabs(a - b);
 #ifdef DEBUG
 printf("第一个 t = %lf\n",t);
 #endif
 if(t > 180)
 t = 360 - t;                        /* 将优角转化为劣角 */
 #ifdef DEBUG
 printf("第二个 t = %lf\n",t);
 #endif
 t = t/180 * PI;
 #ifdef DEBUG
 printf("第三个 t = %lf\n",t);
 #endif
 arc = t * r;
 printf("两点之间的球面距离 = %lf 千米\n",arc);
 return 0;
}
```

在使用 #ifdef 命令时,只测试指定的宏名是否已定义,宏名的替换文本则无关紧要。

3. #ifndef 命令

格式:

```
#ifndef 标识符
  程序段 1
[#else
  程序段 2]
#endif
```

其功能是若在该程序文件中未用 #define 命令定义过该宏名,则对程序段 1 进行编译;否则,对程序段 2 进行编译。可见,#ifndef 命令与 #ifdef 命令的条件正好相反。

第12章

结构体与共用体

12.1 结构体类型与结构体变量

假如有一名学生的姓名、年龄、成绩三项数据,如何在 C 语言程序中存储呢? 当然,可以像下面这样定义三个相互独立的变量(或数组)来存储。

```
char name[12];                        /* 用一维字符数组存储一个姓名 */
int age;
float score;
```

如果有 10 名学生的数据,又该如何存储呢? 当然,可以像下面这样定义三个相互独立的数组来存储。

```
char name[10][12];                    /* 用二维字符数组存储 10 个姓名 */
int age[10];
float score[10];
```

但是,这算不上好的解决方案。因为,这种存储方式难以体现数据之间的关联性。比如,对这 10 个学生按成绩进行排序时,对数组元素的交换就既不方便又容易出错。

其实,对这类数据更好的存储方式是采用结构体变量与结构体数组。所谓结构体是一组相关变量(或数组)的集合,而且这组变量(或数组)的类型可以互不相同。构成结构体的变量(或数组)称为结构体的成员。

12.1.1 结构体变量的定义

定义结构体变量时,需要明确该结构体具体包括哪些成员以及每个成员的名字和类型。
定义结构体变量的一般形式为:

```
struct
{
  类型说明符   成员名 1;
  类型说明符   成员名 2;
  …
  类型说明符   成员名 n;
```

} 变量名表;

其中的 struct 是用于定义结构体的关键字。

例如:

```
struct
{
    char num[10];
    char name[20];
    char sex[3];
    int age;
    float score;
    char addr[30];
} st1,st2;
```

其实,这里的

```
struct
{
    char num[10];
    char name[20];
    char sex[3];
    int age;
    float score;
    char addr[30];
}
```

是一个未命名的结构体类型,而 st1、st2 则是这种结构体类型的两个变量。

结构体变量在内存中是如何存储的呢? 系统将会按照成员的定义顺序依次分配存储空间,其容量是各成员所占内存容量之和。例如,结构体变量 st1、st2 的存储结构如图 12.1 所示。

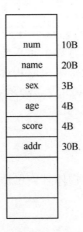

图 12.1　结构体变量的存储结构

12.1.2　结构体类型标识符的定义

为了便于在程序中的不同位置引用同一种结构体类型,可以定义一个标识符来代表这种结构体类型。既可以在定义结构体变量的同时,定义结构体类型标识符;也可以先定义结构体类型标识符,再定义结构体变量。

(1) 在定义结构体变量的同时,定义结构体类型标识符。

其一般形式为:

```
struct   结构体类型标识符
{
   类型说明符   成员名1;
   类型说明符   成员名2;
   …
   类型说明符   成员名n;
} 变量名表;
```

例如:

```
struct student
{
    char num[10];
    char name[20];
    char sex[3];
    int age;
    float score;
    char addr[30];
} st1,st2;
```

此处的 student 就是一种结构体类型标识符。

(2) 先定义结构体类型标识符,再定义结构体变量。

其一般形式为:

```
struct   结构体类型标识符
{
   类型说明符   成员名1;
   类型说明符   成员名2;
   …
   类型说明符   成员名n;
};
struct   结构体类型标识符   变量名表;
```

例如:

```
struct student
{
    char num[10];
    char name[20];
    char sex[3];
    int age;
    float score;
    char addr[30];
};
struct student st1,st2;
```

可以发现,以上两种方式中第二种定义方式更加灵活方便。

说明:

(1)只能将"struct 结构体类型标识符"作为类型说明符使用,而不能将"结构体类型标识符"直接作为类型说明符使用。

(2)一个结构体的成员除了可以是变量、数组之外,也可以是另一个结构体,即结构体可以嵌套定义。

例如:

```
struct date
{
  int year;
  int month;
  int day;
};
struct person
{
  char num[18];
  char name[20];
  struct date birthday;
} per1,per2;
```

也可以按如下形式进行定义:

```
struct person
{
  char num[18];
  char name[20];
  struct date
  {
     int year;
     int month;
     int day;
  } birthday;
} per1,per2;
```

此处的结构体类型 person 的成员 birthday 也是一个结构体。结构体变量 per1、per2 的逻辑结构如图 12.2 所示。

num	name	birthday		
		year	month	day

图 12.2 结构体的嵌套

12.2 结构体变量的引用和初始化

在定义了结构体变量之后,如何将数据存入结构体变量中,又如何引用结构体中的数据呢?

12.2.1　结构体变量的初始化

将数据存入结构体变量中的最简单的方法,就是在定义结构体变量的同时进行赋值,即结构体变量的初始化。

结构体变量初始化的一般形式为:

struct　结构体类型标识符　结构体变量 = {初始化数据};

例如:

```
struct student
{
    char num[10];
    char name[20];
    char sex[3];
    int age;
    float score;
    char addr[30];
};
struct student st = {"1001","王鹏","男",18,85,"山西"};
```

初始化数据项必须是常量或常量表达式,数据项之间用逗号间隔。C 语言编译系统将会依次把它们赋给对应的结构体变量的成员。

12.2.2　结构体变量的引用

在程序中引用结构体变量时,只能对结构体变量的成员进行输入、输出或运算,而不能将结构体变量作为一个整体进行输入、输出或参与运算(赋值运算除外)。

那么,如何引用一个结构体变量的成员呢? 其一般引用形式是:

结构体变量名.成员名

例如:

st.age

其中的“.”称为成员运算符,是优先级最高的运算符之一。

说明:

(1) 由于成员名不会脱离结构体变量名而单独使用,故结构体的成员名可以与程序中的其他变量名相同而互不影响。

(2) 结构体变量嵌套定义时,只能对最低一级的成员进行输入和输出或运算。

例如:

st1.birthday.month = 12;

(3) 对结构体成员的操作与同类型变量(或数组)的操作相同,因为结构体变量的成员本质上也是变量(或数组)。

例如:

```
gets(st1.name);
st1.score = st2.score;
```

【例 12.1】 已知一个学生的各项信息如下：

学号：100006
姓名：张三丰
年龄：19
成绩：600

首先将这些数据存入一个结构体变量中，然后再依次输出各项数据。

编程思路：

(1) 定义一个结构体变量用于存储该学生的信息。

(2) 通过赋值依次将各项数据存入结构体变量的成员中。

(3) 依次输出结构体变量各成员的值。

源程序：

```c
# include < stdio.h >
# include < string.h >
struct student                          /* 定义结构体类型标识符 */
{
  char num[10];
  char name[20];
  int age;
  float score;
};
int main(void)
{
  struct student st;
  strcpy(st.num,"100006");              /* 不能对字符数组名 st.num 赋值 */
  strcpy(st.name,"张三丰");             /* 不能对字符数组名 st.name 赋值 */
  st.age = 19;
  st.score = 600;
  printf("学号\t 姓名\t 年龄\t 成绩\n");
  printf(" % s\t % s\t % d\t % .2f\n",st.num,st.name,st.age,st.score);
  return 0;
}
```

结构体类型标识符通常在所有函数之前定义，从而成为全局标识符。

【例 12.2】 从键盘输入一个学生的学号、姓名、年龄和成绩，并存入一个结构体变量中，然后依次输出各项数据。

编程思路：

(1) 定义一个结构体变量用于存储该学生的信息。

(2) 依次输入结构体变量各成员的值。

(3) 依次输出结构体变量各成员的值。

源程序：

```c
# include < stdio.h >
```

```
struct student                          /* 定义结构体类型标识符 */
{
  char num[10];
  char name[20];
  int age;
  float score;
};
int main(void)
{
  struct student st;
  printf("请依次输入该学生的学号、姓名、年龄、成绩：\n");
  gets(st.num);                         /* 将字符串输入到字符数组中 */
  gets(st.name);
  scanf("%d%f",&st.age,&st.score);
  printf("学号\t 姓名\t 年龄\t 成绩\n");
  printf("%s\t%s\t%d\t%.2f\n",st.num,st.name,st.age,st.score);
  return 0;
}
```

【例 12.3】 将一个结构体变量的内容复制到相同类型的另一个结构体变量中。

方法一：逐个结构体成员复制。

源程序：

```
# include < stdio.h >
# include < string.h >
struct student
{
  char num[10];
  char name[20];
  int age;
  float score;
};
int main(void)
{
  struct student st1 = {"10006","张三丰",19,600},st2;
  strcpy(st2.num,st1.num);              /* 不能对字符数组名 st2.num 赋值 */
  strcpy(st2.name,st1.name);            /* 不能对字符数组名 st2.name 赋值 */
  st2.age = st1.age;
  st2.score = st1.score;
  printf("学号\t 姓名\t 年龄\t 成绩\n");
  printf("%s\t%s\t%d\t%.2f\n",st1.num,st1.name,st1.age,st1.score);
  printf("%s\t%s\t%d\t%.2f\n",st2.num,st2.name,st2.age,st2.score);
  return 0;
}
```

方法二：结构体变量整体复制。

源程序：

```
# include < stdio.h >
# include < string.h >
struct student
```

```
{
    char num[10];
    char name[20];
    int age;
    float score;
};
int main(void)
{
    struct student st1 = {"10006","张三丰",19,600},st2;
    st2 = st1;
    printf("学号\t 姓名\t 年龄\t 成绩\n");
    printf("%s\t%s\t%d\t%.2f\n",st1.num,st1.name,st1.age,st1.score);
    printf("%s\t%s\t%d\t%.2f\n",st2.num,st2.name,st2.age,st2.score);
    return 0;
}
```

由此可见,类型相同的结构体变量之间可以整体赋值。同时,由于函数之间的参数传递实际上也是一种赋值,因此可以在被调函数中直接使用结构体变量作为函数的形参,并在主调函数中使用相同类型的结构体变量作为对应的实参。

12.3　结构体数组

一组相关的数据可以用一个结构体变量存储,多组结构相同的相关数据则可以用一个结构体数组进行存储。所谓结构体数组,就是每个元素都是类型相同的结构体变量的数组。

12.3.1　结构体数组的定义

结构体数组的定义方式与结构体变量的定义方式类似。既可以在定义结构体类型标识符的同时定义结构体数组,也可以先定义结构体类型标识符,再定义结构体数组。

例如:

```
struct student
{
    char num[10];
    char name[20];
    char sex[3];
    int age;
};
struct student stu[10];
```

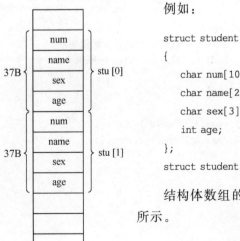

图 12.3　结构体数组

结构体数组的元素在内存中是连续有序存放的,如图 12.3 所示。

12.3.2　结构体数组的初始化

可以在定义结构体数组的同时,对结构体数组的元素进行赋值,即初始化结构体数组。

例如:

```
struct student
{
    char num[10];
    char name[20];
    char sex[3];
    int age;
};
struct student stu[2] = {{"1001", "王鹏","男",18},{"1002", "李林","女",19}};
```

在初始化结构体数组时,也可以不指定数组的长度,系统将会根据初值的个数自动确定
数组的长度。

【例12.4】 用结构体编程序,在主函数中输入若干名学生的姓名及成绩,然后在被调
函数中实现按照成绩降序排序。

源程序:

```
# include < stdio.h>
# define N 6
struct student
{
  char name[20];
  float score;
};
void sort(struct student st[0],int n)
{
    int i,j;
    struct student temp;
    for(i = 0;i <= n - 2;i++)
     for(j = i + 1;j <= n - 1;j++)
     {
     if(st[i].score < st[j].score)
     {
      temp = st[i];
      st[i] = st[j];
      st[j] = temp;
      }
     }
    return;
}
int main(void)
{
  struct student st[N];
  int i;
  printf("请依次输入 % d 名学生的姓名与成绩:\n",N);
  for(i = 0;i < N;i++)
```

```
    {
        scanf("%s",st[i].name);
        scanf("%f",&st[i].score);
    }
    sort(st,N);                          /* 调用被调函数 sort */
    printf("排序之后的结果:\n");
    for(i = 0;i < N;i++)
    {
        printf("%s:",st[i].name);
        printf("%.1f\n",st[i].score);
    }
    return 0;
}
```

在本程序排序部分的双重循环中,当满足 if 条件时,直接交换两个结构体数组元素的值,即两个数组元素的所有成员同时参与交换,从而保证了各成员之间的对应关系不会出现错乱。

由于结构体数组也属于数组,因此结构体数组作函数参数的用法与前述的数组作函数参数基本相同。

【例 12.5】 用结构体编程序,实现在主函数中输入若干名学生的学号、姓名、年龄、成绩等 4 项信息,并存入一个结构体数组中。再在被调函数中输入一个学号,然后从结构体数组中查找出相应学生的各项信息并输出到屏幕上。

编程思路:

(1)在主函数中,将一批学生的信息存入结构体数组中。

(2)在被调函数中,将待查找学号依次与结构体数组元素中的学号进行比较。若查找成功,则显示相应学生的各项信息;否则,显示查找失败信息。

源程序:

```
# include < stdio. h >
# include < string. h >
# define N 100
struct student
{
    char num[10];
    char name[20];
    int age;
    float score;
};
void serch(struct student st[ ], int n);
int main(void)
{
    struct student st[N];
    int n;
    n = 0;
    while(1)
    {
        printf("请输入第%d个学生的学号(以 000000 为结束标记): ",n + 1);
```

```
     scanf("%s",st[n].num);
       if(strcmp(st[n].num,"000000") == 0)
         break;
       printf("请依次输入第%d个学生的姓名、年龄、成绩: ",n+1);
      scanf("%s%d%f",st[n].name,&st[n].age,&st[n].score);
       n++;
     }
     serch(st,n);
     return 0;
  }
void serch(struct student st[],int n)
{
 char id[10];
 int i;
 while(1)
 {
   printf("请输入待查找学生的学号(以000000为结束标记): ");
   scanf("%s",id);
   if(strcmp(id,"000000") == 0)
      break;
   for(i=0;i<n;i++)
   {
     if(strcmp(st[i].num,id) == 0)              /*依次比较*/
         break;
   }
   if(i<n)                                      /*查找成功*/
   {
     printf("学号\t姓名\t年龄\t成绩\n");
     printf("%s\t%s\t%d\t%.2f\n",st[i].num,st[i].name,st[i].age,st[i].score);
   }
   else                                         /*查找失败*/
      printf("没有相匹配的学号!\n");
 }
 return;
}
```

12.4 结构体指针

12.4.1 指向结构体变量的指针

可以通过定义指向结构体变量的指针对结构体变量进行间接引用。指向结构体变量的指针变量的定义与结构体变量和结构体数组的定义方法类似。

例如:

```
struct student
{
   char num[10];
   char name[20];
```

```
    char sex[3];
    int age;
} stu;
struct student * p;
p = &stu;
```

这里的变量 p 就是一个指向结构体变量的指针变量,此处令其指向结构体变量 stu。

一旦定义了指向结构体变量的指针,就可以通过该指针变量来间接引用结构体变量及其成员了。

(1) 通过结构体指针引用结构体变量的一般形式:

* 结构体指针变量

例如:

```
struct student
{
  char num[10];
  char name[20];
  int age;
  float score;
};
struct student st1 = {"10006","张三丰",19,600},st2, * p = &st1;
st2 = * p;                              /* 此处 * p 是结构体变量 st1 的间接引用 */
```

(2) 通过结构体指针引用结构体变量成员的一般形式之一:

(* 结构体指针变量).成员名

例如:

```
( * p).age = 18;
```

等价于:

```
stu.age = 18;
```

需要注意,此处(* p)两侧的括号不可少,因为成员运算符".”的优先级高于间接引用运算符" * "。若去掉括号变成 * p.age,则等效于 * (p.age),含义完全不同。

由于以上引用形式略显繁琐,因此 C 语言还提供了另一种更加简洁的引用形式。

(3) 通过结构体指针引用结构体变量成员的一般形式之二:

结构体指针变量 ->成员名

例如:

```
p -> age = 18
```

此处的"—>”称为指向运算符,是优先级最高的运算符之一。

【例 12.6】 从键盘输入一个学生的学号、姓名、年龄和成绩,并存入一个结构体变量中,然后依次输出各项数据。要求通过结构体指针间接引用该结构体变量的成员。

编程思路：

（1）定义一个结构体变量用于存储该学生的信息。

（2）通过结构体指针依次输入结构体变量各成员的值。

（3）通过结构体指针依次输出结构体变量各成员的值。

源程序：

```
#include<stdio.h>
struct student                          /*定义结构体类型标识符*/
{
  char num[10];
  char name[20];
  int age;
  float score;
};
int main(void)
{
  struct student st, *p = &st;
  printf("请依次输入该学生的学号、姓名、年龄、成绩：\n");
  gets((*p).num);                        /*将字符串输入到字符数组中*/
  gets((*p).name);
  scanf("%d%f",&(*p).age,&(*p).score);
  printf("学号\t姓名\t年龄\t成绩\n");
  printf("%s\t%s\t%d\t%.2f\n",p->num,p->name,p->age,p->score);
  return 0;
}
```

12.4.2　指向结构体数组元素的指针

可以通过定义指向结构体数组元素的指针对结构体数组元素进行间接引用。
例如：

```
struct student
{
  char num[10];
  char name[20];
  char sex[3];
  int age;
};
struct student stu[10], *p;
p = stu;    /*等价于p = &stu[0];*/
```

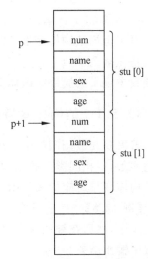

此处 p 指向了结构体数组元素 stu[0]，而 p+1 将指向下一个数组元素 stu[1]，如图 12.4 所示。这与普通数组的情况是一致的。

【**例 12.7**】　用指向结构体数组元素的指针访问结构体数组。

图 12.4　结构体数组元素的指针

编程思路：

（1）通过初始化方式将 5 个学生的数据存入结构体数组中。

（2）通过结构体指针依次指向数组的每个元素，并输出结构体数组元素各成员的值。

源程序：

```c
#include<stdio.h>
struct student
{
  char num[10];
  char name[20];
  char sex[3];
  int age;
};
int main(void)
{
  struct student stu[5] =
  {{"1001","周雨平","男",18},
   {"1002","张浩","男",17},
   {"1003","刘芳","女",19},
   {"1004","陈丽","女",18},
   {"1005","王子鸣","男",19}}, * p;
  printf("学号\t 姓名\t 性别\t 年龄\n");
  for(p = stu;p <= stu + 4;p++)              /* 指针变量 p 依次指向数组 stu 的每个元素 */
    printf("% s\t % s\t % s\t % d\n",p->num,p->name,p->sex,p->age);
  return 0;
}
```

12.5　结构体变量的跨函数引用

对于全局结构体变量，理所当然地可以跨函数引用。而局部结构体变量的跨函数引用，主要是在被调函数中引用主调函数中定义的局部结构体变量，而很少在主调函数中引用被调函数中定义的局部结构体变量。

12.5.1　结构体变量作函数参数

若需要在被调函数中引用主调函数中定义的局部结构体变量，则可以以该结构体变量作为实参，以相同类型的结构体变量作为形参，从而将实参结构体变量各成员的值传递给形参结构体变量对应的成员中。

【例 12.8】　在主函数中输入一个学生的学号、姓名、五门课程的成绩，并存入一个结构体变量中，然后在被调函数中求出其总分与平均分并且存入同一个结构体变量中，最后在主函数中输出结果。

编程思路：

（1）定义一个结构体变量，并输入各项已知数据。

（2）以该结构体变量作为实参调用被调函数。

（3）在被调函数中求出总分与平均分。

（4）在主函数中输出结果。

源程序：

```
# include < stdio. h>
struct student
{
  char num[10];
  char name[20];
  float score[5];                        /* 存储 5 门课程成绩 */
  float sum;
  float aver;
};
void comp(struct student per)
{
  int i;
  per. sum = 0;
  for(i = 0;i < = 4;i++)
    per. sum = per. sum + per. score[i];
  per. aver = per. sum/5;
  return;
 }
int main(void)
{
  struct student st;
  int i;
  printf("请依次输入该学生的学号、姓名及 5 门课程成绩: \n");
  gets(st. num);
  gets(st. name);
  for(i = 0;i < = 4;i++)
    scanf(" % f",&st. score[i]);
  comp(st);
  printf("学号\t 姓名\t 总分\t 平均分\n");
  printf(" % s\t % s\t % .2f\t % .2f\n",st. num,st. name,st. sum,st. aver);
  return 0;
}
```

该程序运行时，所输出的总分与平均分的值均为 0。原因何在呢？这是因为 C 语言中参数的传递方式为值传递，故只能将实参结构体变量的值传递给形参结构体变量，而不能再将形参结构体变量的值传递给实参结构体变量。

12.5.2 结构体指针作函数参数

若希望将被调函数中的局部结构体变量的值传回到主调函数中，可以通过将该结构体变量作为被调函数的返回值实现。但是，若希望完成主调函数与被调函数之间的结构体变量值的双向传递，则可以将主调函数中结构体变量的地址传递到被调函数中，然后在被调函数中对主调函数中的结构体变量进行间接引用。

```
# include < stdio.h>
struct student
{
  char num[10];
  char name[20];
  float score[5];                        /* 存储 5 门课程成绩 */
  float sum;
  float aver;
};
void comp(struct student * p)
{
  int i;
  p -> sum = 0;
  for(i = 0;i < = 4;i++)
   p -> sum = p -> sum + p -> score[i];
  p -> aver = p -> sum/5;
  return;
 }
int main(void)
{
  struct student st;
  int i;
  printf("请依次输入该学生的学号、姓名与 5 门课程成绩: \n");
  gets(st.num);
  gets(st.name);
 for(i = 0;i < = 4;i++)
   scanf(" % f",&st.score[i]);
  comp(&st);
  printf("学号\t 姓名\t 总分\t 平均分\n");
  printf(" % s\t % s\t % .2f\t % .2f\n",st.num,st.name,st.sum,st.aver);
  return 0;
}
```

运行该程序,可以发现在被调函数中求得的总分与平均分能够传回到主调函数中。这是因为在被调函数中通过指针形参间接引用了主调函数中的结构体变量,所以被调函数中赋值操作的对象就是主调函数中结构体变量的成员。

另外,采用结构体变量作为函数的参数时,需要传递结构体变量每个成员的值;而采用结构体指针作为函数的参数时,只需传递一个结构体指针的值,因而具有较小的空间和时间开销。

12.6　共用体

与结构体类似,共用体也是一种包含多个成员的数据类型,但是共用体变量的各个成员所占用的内存空间是相互重叠的。

12.6.1 共用体变量的定义

定义共用体变量时,需要明确该共用体具体包括哪些成员以及每个成员的名字和类型。定义共用体变量的一般形式为:

```
union
{
    类型说明符    成员名 1;
    类型说明符    成员名 2;
    …
    类型说明符    成员名 n;
} 变量名表;
```

其中的 union 是用于定义共用体的关键字。

例如:

```
union
{
    int i;
    char ch[6];
} a,b;
```

这里的

```
union
{
    int i;
    char ch[6];
}
```

是一个未命名的共用体类型,而 a、b 则是这种共用体类型的两个变量。

共用体变量在内存中是如何存储的呢？共用体变量的各个成员重叠占用同一段内存空间,如图 12.5 所示。故任一时刻在共用体变量中只能存储一个成员的值,也就是当对其中的一个成员进行赋值时,其他成员的值也会相应地发生变化。

共用体变量所占用的内存空间长度等于其中占用内存空间最多的成员的长度。此处的共用体变量 a、b 所占用的内存长度均为 6 个字节。

12.6.2 共用体类型标识符的定义

为了便于在程序中的不同位置引用同一种共用体类型,可以定义一个标识符来代表这种共用体类型,既可以在定义共用体变量的同时,定义共用体类型标识符,也可以先定义共用体类型标识符,再定义共用体变量。

(1) 在定义共用体变量的同时,定义共用体类型标识符。

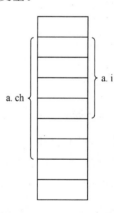

图 12.5 共用体变量的存储结构

其一般形式为：

```
union   共用体类型标识符
{
   类型说明符   成员名 1;
   类型说明符   成员名 2;
   …
   类型说明符   成员名 n;
} 变量名表；
```

例如：

```
union number
{
   int i;
   char ch[6];
} a,b;
```

此处的 number 就是一种共用体类型标识符。

（2）先定义共用体类型标识符，再定义共用体变量。

其一般形式为：

```
union   共用体类型标识符
{
   类型说明符   成员名 1;
   类型说明符   成员名 2;
   …
   类型说明符   成员名 n;
};
union   共用体类型标识符   变量名表；
```

例如：

```
union number
{
   int i;
   char ch[6];
};
union number a,b;
```

可以发现，以上两种方式中第二种定义方式更加灵活方便。

需要注意，只能将"union 共用体类型标识符"作为类型说明符使用，而不能将"共用体类型标识符"直接作为类型说明符使用。

12.6.3　共用体变量的初始化

共用体变量可以在定义的同时进行初始化，但是只能对共用体变量的第一个成员进行初始化。

例如：

```
union number
```

```
{
    int i;
    char ch[6];
};
union number a = {127};
```

此处的大括号必不可少,而且初始化数据项必须是常量或常量表达式。

12.6.4 共用体变量的引用

在程序中使用共用体变量时,一般只能针对共用体变量的成员进行输入输出或运算,不过类型相同的共用体变量之间可以整体赋值。

共用体变量成员的一般引用形式为:

共用体变量名.成员名

【例 12.9】 共用体变量的使用。
源程序:

```
# include < stdio.h >
union data
{
    int a;
    float x;
};
int main(void)
{
    union data un;
    un.a = 32767;
    printf(" % d, % f\n",un.a,un.x);
    un.x = 36.98;
    printf(" % d, % f\n",un.a,un.x);
    return 0;
}
```

运行结果为:

```
un.a = 32767,un.x = 0.000000
un.a = 1108601733,un.x = 36.980000
```

可见,当给共用体变量的一个成员赋值之后,其他成员的值也会相应地改变。这是因为共用体变量的各个成员在内存空间中是相互重叠的。而输出的结果则是由该数据在内存中的存储形式和 printf 函数中的输出格式说明符共同决定的。

【例 12.10】 利用共用体的特点,分别取出无符号短整型数据中高字节和低字节的内容。
编程思路:

(1) 将共用体变量的一个成员定义为无符号短整型,另一个成员定义为无符号字符型数组。

(2) 输入一个无符号短整型数据,并存入该共用体变量中。

(3) 依次输出无符号字符型数组各元素的值。

源程序：

```
# include < stdio. h >
union data
{
 unsigned short a;
 unsigned char c[2];                        /* 不能定义为 char c[2]; */
};
int main(void)
{
 union data u;                              /* u 是共用体类型的变量 */
 scanf("% hu",&u.a);
 printf("高字节 = % hxH,低字节 = % hxH\n",u.c[1],u.c[0]);
 printf("高字节 = % hu,低字节 = % hu\n",u.c[1],u.c[0]);
 return 0;
}
```

需要注意,该程序中的数组 c 若定义为 char c[2],则分离出来的单字节数据将视为有符号字符型,当其最高位为 1 时,输出结果不正确。

12.7　枚举类型

在现实世界中,某些数据只能取有限的几个特定值。比如,月份只能取一月到十二月,星期值只能取星期一到星期日。在程序中如何表示这类数据呢？当然,可以采用整数表示,不过不够直观,同时也难以体现其有效取值范围。另一种方法是定义一组符号常量表示,但是略显繁琐。

更好的选择是采用枚举类型来表示这类数据。所谓枚举类型,就是一种可以一一列举出所有可能的取值的数据类型。

12.7.1　枚举类型标识符的定义

为了便于在程序中的不同位置引用同一种枚举类型,可以定义一个标识符来代表这种枚举类型。

枚举类型定义的一般形式为：

enum 枚举类型标识符{枚举常量表};

其中的枚举常量必须是标识符。

例如：

enum weekday{sun, mon, tue, wed, thu, fri, sat};

此处的 weekday 是枚举类型标识符,而大括号中的 7 个标识符则是枚举常量。

每个枚举常量对应于一个整数。默认情况下,第一个枚举常量对应于 0,其他枚举常量的值依次加一递增。可以通过为枚举常量指定一个值而改变其默认值,甚至可以为不同的枚举常量指定相同的值。

例如：

enum color{ red = 1, orange, yellow = 6, green = yellow + 2, cyan, blue, purple = 0};

12.7.2 枚举类型变量的定义与使用

既可以在定义枚举类型标识符的同时定义枚举变量，也可以先定义枚举类型标识符，再定义枚举变量。

（1）在定义枚举类型的同时定义枚举变量。

其一般形式为：

enum 枚举类型标识符{枚举常量表}变量名表;

例如：

enum weekday{sun, mon, tue, wed, thu, fri, sat} w1,w2;

此处的 w1、w2 就是两个枚举类型的变量。

在这种定义方式中，枚举类型标识符允许缺省。

例如：

enum {sun, mon, tue, wed, thu, fri, sat} w1,w2;

（2）先定义枚举类型标识符，再定义枚举变量。

其一般形式为：

enum 枚举类型标识符{枚举常量表};
enum 枚举类型标识符　变量名表;

例如：

enum weekday{sun, mon, tue, wed, thu, fri, sat};
enum weekday w1,w2;

可以发现，以上两种方式中第二种定义方式更加灵活方便。

需要注意，只能将"enum 枚举类型标识符"作为类型说明符使用，而不能将"枚举类型标识符"直接作为类型说明符使用。

【例 12.11】 枚举类型数据的使用。

源程序：

```c
# include< stdio. h>
int main(void)
{
 enum color{red = 1, orange, yellow = 6, green = yellow + 2, cyan, blue, purple = 0} a,b,c;
 a = orange;
 b = cyan;
 c = purple;
 printf("red = % d,blue = % d\n",red,blue);
 printf("a = % d,b = % d,c = % d\n",a,b,c);
 return 0;
}
```

枚举类型在使用中有如下规则：

（1）只能对枚举变量赋值，而不能对枚举常量赋值。

例如：

```
orange = 3;
```

是错误的。

（2）枚举类型与数值型数据之间可以相互赋值，即是赋值兼容的。

例如：

```
enum color{red = 1, orange, yellow = 6, green = yellow + 2, cyan, blue, purple = 0} a;
int x;
a = 9;
x = blue;
```

12.8　用 typedef 定义类型别名

C 语言允许用户使用 typedef 为已经存在的数据类型定义一个类型别名。

（1）其一般形式为：

```
typedef　类型说明符　类型别名;
```

其中的类型说明符既可以是 C 语言标准定义的数据类型（如 int、char、float、double 等），也可以是用户定义的类型说明符。类型别名习惯上用大写字母表示，以示区分。

例如：

```
typedef　unsigned int　UINT;
```

把 UINT 定义为 unsigned int 类型的别名，此后 UINT 将等效于 unsigned int。

例如：

```
UINT a,b;
```

等效于

```
unsigned int a,b;
```

（2）可以利用 typedef 为结构体类型、共用体类型和枚举类型定义别名，从而简化代码，增强程序的可读性。

例如：

```
typedef struct
{
    char num[10];
    char name[20];
    char sex[3];
} STU;
```

为未命名的结构体类型定义类型别名 STU,则

```
STU  stu1,stu2;
```

将等效于

```
struct
{
    char num[10];
    char name[20];
    char sex[3];
} stu1,stu2;
```

再如:

```
typedef struct student
{
    char num[10];
    char name[20];
    char sex[3];
} STU;
```

为结构体类型 struct student 定义类型别名 STU,则

```
STU  stu1,stu2;
```

将等效于

```
struct student  stu1,stu2;
```

12.9　内存的动态分配

在 C 语言中,一般利用数组(包括结构体数组)实现批量数据的存储。在 C89 标准中,只能定义定长数组,即数组的长度只能是常量或常量表达式;在 C99 标准中,允许定义变长数组,即数组的长度可以是变量或变量表达式。定长数组一经定义,数组的长度就是固定不变的。变长数组虽然可以在程序运行过程中再确定数组的长度,但是一旦分配内存空间,数组的长度也是不可改变的。

这种通过定义变量或数组来分配内存的方式,称为内存的静态分配。很显然,静态分配适合于内存空间的需求量相对固定的情形,而不适合于内存空间的需求量变化不定的情形。

为了提高内存的利用效率,应对某些情形下内存空间的需求量变化不定的问题,C 语言允许在程序运行过程中随时地分配与回收内存,这种方式称为内存的动态分配。

内存的动态分配是通过调用专门的函数来实现的,这里介绍其中三个最常用的函数。

1. malloc 函数

函数原型:

```
void * malloc(unsigned size)
```

其功能是申请分配一块长度为 size 字节的连续内存空间。若分配成功则返回其首地址,否则返回空指针。

void * 是 C89 标准中定义的通用指针类型,通用指针类型与所有其他的指针类型都是赋值兼容的,即可以不经过强制类型转换而直接相互赋值。

例如,申请分配一个整型数据的内存空间可用如下代码实现。

```
int * p;
p = malloc(4);                              /* 赋值兼容,故可以直接赋值 */
```

因为在不同的 C 语言编译器中,同一种类型数据的内存长度有可能不同,因此为了提高程序的通用性,可以利用 sizeof 运算符求出某种类型数据的内存长度。

例如:

```
int * p;
p = malloc(sizeof(int));
```

【例 12.12】 利用动态方式分配一个整型数据的内存空间。

源程序:

```
# include < stdio. h >
# include < stdlib. h >
int main(void)
{
  int * p;
  p = malloc(sizeof(int));
  * p = 600;
  printf(" % d\n", * p);
  return 0;
}
```

可以发现,采用动态方式分配的内存单元,只能通过间接引用方式进行访问。

2. free 函数

采用动态方式分配的内存不会自动释放,而是一直保留到当前程序运行结束。为了避免消耗大量的内存空间,动态方式分配的内存用完之后应该及时地用 free 函数释放。

函数原型:

```
void free(void * p)
```

其功能是释放由 p 所指向的一段动态分配的内存空间,这段空间是最近一次调用 malloc 函数或 calloc 函数所分配的内存。

由于形参 p 是通用指针类型的指针,因此对应的实参可以是任意类型的指针量。

【例 12.13】 内存的动态分配及释放。

源程序:

```
# include < stdio. h >
# include < stdlib. h >
int main(void)
{
```

```
int * p;
p = malloc(sizeof(int));
* p = 600;
printf(" % d\n", * p);
free(p);
return 0;
}
```

3．calloc 函数

函数原型：

$$void * calloc(unsigned\ n, unsigned\ size)$$

其功能是申请分配 n 块长度为 size 字节的连续内存空间。若分配成功，则会将所分配的内存空间清零并返回其首地址；否则返回空指针。

【例 12.14】　利用动态方式分配可存储 100 个整数的内存空间，然后生成 100 个随机整数存入该空间中。

编程思路：

可以利用库函数 rand()生成非负随机整数，该函数的原型在头文件 stdlib. h 中声明。

源程序：

```
# include < stdio. h >
# include < stdlib. h >
int main(void)
{
 int * p, i;
 p = calloc(100, sizeof(int));
 for(i = 0; i < = 99; i++)
  p[ i] = rand();                     /* p[i]等价于 * (p + i) */
 for(i = 0; i < = 99; i++)
  printf(" % d\t", p[i]);
 free(p);
 return 0;
}
```

可见，利用 calloc 函数可以实现动态定义数组的效果。

12.10　拓展：链表

在 C 语言中，数组是最常用的顺序存储结构，数组的元素在内存中是顺序连续存储的。顺序存储结构的优势是允许随机访问，即可以直接访问其中的任意一个元素，故访问速度快。但是因为其对应的存储区是一个连续的整体，故不便于在中间插入或删除元素，也不便于调整整个存储区的大小。

链式存储结构恰好可以很好地解决以上两个问题。链式存储结构通常采用动态方式分配存储区，各存储区之间可以是不连续的，一般通过指针相互连接起来。链表是最常用的链式存储结构。

12.10.1　链表的概念

（1）在 C 语言中，将若干个结构体变量通过指针连接起来构成的数据结构，称为链表。链表中的结构体变量称为链表的结点。

由于链表结点中不但要存储数据，还要存储下一个结点的地址，因此链表结点通常由若干个数据成员（数据域）和指针成员（指针域）组成。而最简单的链表结点，只包含一个数据域和一个指针域。

例如：

```
struct node
{
 int data;                              /*数据域*/
 struct node * next;                    /*指针域*/
} a,b;
```

由于链表结点中的指针域要指向下一个结点，因此其类型必须是指向本结构体类型的指针。因而，这是一种递归定义。

若链表结点中只有指向后继结点的指针域，则称之为单向链表。若链表结点中既有指向后继结点的指针域，又有指向前驱结点的指针域，则称之为双向链表。本节只讨论单向链表。

（2）链式存储结构不能采用随机访问方式，而只能采用顺序访问方式，即总是从第一个结点开始依次顺序找到需要访问的结点。因此，需要将链表的第一个结点的地址单独保存起来。

若是将链表的第一个结点的地址直接存储到一个专门的指针变量中，那么这种链表称为不带头结点的链表。这个专门的指针变量称为头指针。

若是将链表的第一个结点的地址存储到一个专门的结点的指针域中，那么这种链表称为带头结点的链表。这个专门的结点称为头结点，头结点的数据域中不存储任何数据。带头结点的链表中也有头指针，只不过此时的头指针变量中存储的是头结点的地址，如图 12.6 所示。

由于链表的最后一个结点没有后继结点，故将其指针域置为空指针 NULL，作为链表的结束标志。

图 12.6　带头结点的单向链表

12.10.2　链表的创建与遍历

1. 链表的创建

创建一个新的链表，包括以下几个主要步骤：

（1）首先为一个链表结点分配存储空间。

（2）然后将数据存入该结点的数据域中。

（3）最后将该结点链接到链表中。

（4）循环执行步骤（1）～（3），直至将所有结点链接到链表中。

创建链表时，若采用静态方式分配结点空间，则相应的链表称为静态链表；若采用动态方式分配结点空间，则相应的链表称为动态链表。由于静态链表无法体现链式存储结构的优势，因此通常采用动态链表。

【例12.15】 在被调函数中创建一个带头结点的动态链表，用以存储从键盘输入的若干个学生的学号与成绩，最后返回头指针的值。

编程思路：

（1）为头结点分配空间，并使头指针指向头结点。

（2）不断地将新结点链接到链表的尾部，直至完成。

算法设计：

（1）创建头结点，并使头指针指向头结点，如图12.7所示。

图12.7 不含数据结点的空链表

（2）输入一个学生的学号与成绩。

（3）若是有效数据，则创建新结点，并将数据存入新结点中，如图12.8所示；否则，跳至步骤（5）。

图12.8 创建新结点

（4）将新结点链接到链表中，如图12.9所示，然后转到步骤（2）。

图12.9 插入第一个数据结点后的链表

（5）设置链表结束标志，并返回头指针。

源程序：

```c
#include <stdio.h>
#include <string.h>
#include <stdlib.h>
struct list                       /*定义链表结点*/
{
 char num[10];
 int score;
 struct list * next;
};
typedef struct list LIST;
LIST * creat()
{
  LIST * head, * p1, * p2;
  char t[10];
  head = malloc(sizeof(LIST));          /*创建头结点*/
```

```
    p1 = head;
    while(1)
    {
      printf("请输入一个学号: ");
      scanf(" % s",t);
      if(strcmp(t," - 1") == 0)
        break;
      p2 = malloc(sizeof(LIST));          /* p2 指向新结点 */
      strcpy(p2 -> num,t);
      printf("请输入一个成绩: ");
      scanf(" % d",&p2 -> score);
      p1 -> next = p2;                    /* 新结点链接到表末 */
      p1 = p2;                            /* p1 指向新的末结点 */
    }
    p1 -> next = NULL;                    /* 设置链表结束标志 */
    return head;
}
```

在该函数中,借助于两个指针变量 p1、p2 实现链表的生长。其中,p1 总是指向链表中当前的末结点,而 p2 总是指向新结点。因此,只需将当前末结点的指针域指向新结点(即(* p1). next＝p2;,也就是 p1－> next＝p2;),即可将新结点链接到链表中。

2. 链表的遍历

创建成功的链表存储于内存中。若要显示链表中每个结点的数据,必须从头指针开始逐个结点进行访问,直至链表结束为止。这个过程称为链表的遍历。

遍历一个带头结点的链表,包括以下几个主要步骤:

(1) 通过头指针找到头结点。

(2) 若头结点的指针域为空指针,则是空链表。

(3) 否则跟踪链表的指针,找到下一个结点,并输出其数据域的值。

(4) 直至遇到链表的结束标志为止。

【例 12.16】 在被调函数中,顺序输出单向链表中各结点数据域的值。

编程思路:

(1) 令指针变量 p 指向头结点的下一个结点。

(2) 若 p 的值为空指针,则说明是空链表,结束遍历。

(3) 输出 p 所指向的结点的数据成员的值。

(4) 令指针变量 p 指向当前结点的下一个结点。

(5) 若 p 的值为空指针,则说明已到达链表的末尾;否则转向步骤(3)。

源程序:

```
void print(LIST * head)
{
  LIST  * p;
  p = head -> next;                       /* p指向头结点的下一个结点 */
  printf("链表中的学生信息为: \n");
  if(p == NULL)
    printf("该链表为空!\n");
```

```
    else
       while(p!= NULL)
       {
        printf("学号: % s\t 成绩: % d\n",p-> num,p-> score);   /* 输出当前结点数据 */
        p = p-> next;                         /* 使得 p 指向当前结点的下一个结点 */
       }
       return;
    }
```

完成了 print 函数之后,就可以测试链表的创建与遍历了。用于调用 creat 函数与 print 函数的相应的主函数如下:

```
int main(void)                        /* 主函数版本 1,创建和遍历链表 */
{
 LIST * head;
 head = creat();                      /* 创建链表,返回头指针 */
 print(head);                         /* 输出全部结点数据 */
 return 0;
}
```

12.10.3　链表的插入与删除

1. 向链表中插入结点

要向单向链表中插入一个新结点,首先必须确定待插入的位置,通常通过查找符合特定条件的第一个结点来确定插入位置。

向一个带头结点的单向链表中插入新结点,一般包括以下几个主要步骤:

(1) 通过查找确定待插入的位置。

(2) 为新结点分配空间并存入数据。

(3) 将新结点链接到链表中。

如图 12.10 所示。

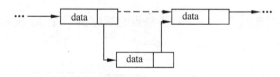

图 12.10　单向链表中结点的插入

根据新结点的插入位置,可以分为在目标结点之前插入与在目标结点之后插入两种情况。

在目标结点之前插入新结点时,一方面要让目标结点的前驱结点的指针域指向新结点,另一方面还要让新结点的指针域指向目标结点。但由于单向链表不能反向查找目标结点的前驱结点,因此必须借助于两个指针变量分别指向目标结点及其前驱结点。

在目标结点之后插入新结点时,首先让新结点的指针域指向目标结点的后继结点,然后再让目标结点的指针域指向新结点。相对容易一些,借助于一个指针变量即可实现。

【例 12.17】　编写函数实现如下功能,在一个按学号升序排列的带头结点的单向链表中,插入一名学生的学号与成绩数据,并使所有的链表结点仍然保持按学号升序排列。

编程思路：

从第一个结点开始顺序查找，若找到第一个学号大于新学号的目标结点，则将新结点插入到目标结点之前；否则，将新结点链接到所有结点之后。

算法设计：

（1）为新结点分配空间，并存入数据。

（2）令 p1 指向头结点。

（3）令 p2 指向 p1 所指向的结点，p1 则指向 p1 原来的后继结点。

（4）若 p1 不是空指针并且 p1 所指向结点的学号小于新结点的学号，则转至步骤（3）。

（5）令 p2 所指向结点的指针域指向新结点，令新结点的指针域指向 p1 所指向的结点，即可将新结点插入到这两个结点之间。

按照新结点的插入位置不同，可分为如下几种情况：

（1）若链表非空且新结点学号最小，则新结点应插入到所有数据结点之前。

（2）若链表非空且新结点学号介于最小学号与最大学号之间，则新结点应插入到两个数据结点之间，如图 12.11 所示。

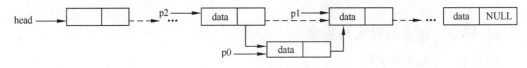

图 12.11　在表中插入新结点

（3）若链表非空且新结点学号最大，则新结点应链接到所有数据结点之后，如图 12.12 所示。

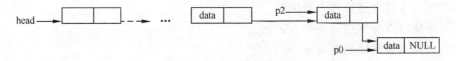

图 12.12　在表头插入新结点

（4）若链表为空，则新结点应链接到头结点之后，如图 12.13 所示。

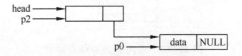

图 12.13　在表尾插入新结点

对于带头结点的链表来说，前两种情况查找结束时，p1 将指向查找到的目标结点，p2 将指向目标结点的前驱结点。因此，只需执行 p2-> next＝p0; p0-> next＝p1;，即可将 p0 所指向的新结点插入到链表中。

后两种情况查找结束时，p1 将是空指针，p2 将指向链表中的末结点。因此，只需执行 p2-> next＝p0; p0-> next＝p1;，即可将 p0 所指向的新结点链接到表尾。

可见，对于带头结点的链表来说，这 4 种情况在查找结束之后的处理方式其实是完全相同的。而这恰好就是带头结点的链表相对于不带头结点的链表的优势所在。

源程序：

```
void insert(LIST * head, char number[10])
{
 LIST * p0, * p1, * p2;
 p0 = (LIST * )malloc(sizeof(LIST));
 strcpy(p0 -> num, number);
 printf("请输入一个成绩:");
 scanf("% d", &p0 -> score);
 p1 = head;                          / * p1 指向头结点 * /
 do                                  / * 在链表中查找插入位置 * /
 {
  p2 = p1;                           / * p2 指向原 p1 所指结点 * /
  p1 = p1 -> next;                   / * p1 指向下一个结点 * /
  if(p1 == NULL)
    break;
 }
 while(strcmp(p1 -> num, number)< 0);
 p2 -> next = p0;                    / * 新结点链入链表 * /
 p0 -> next = p1;
 return;
}
```

在访问链表时,最容易出现的一种错误是访问不存在的结点。即当指针已经变为空指针(即到达链表末尾,不再指向任何结点)时,仍用该指针引用所指向结点的数据域或指针域。在该函数的循环体中,一旦指针变量 p1 的值发生改变,就立即判断是否为空指针,从而有效地避免了上述错误的产生。

完成了 insert 函数之后,就可以测试链表的创建、遍历与插入了。用于调用 creat 函数、print 函数与 insert 函数的相应的主函数如下:

```
int main(void)                       / * 主函数版本 2,创建、遍历和插入 * /
{
 LIST * head;
 char inse_num[10];
 head = creat();                     / * 建立链表,返回头指针 * /
 print(head);                        / * 输出全部结点内容 * /
 while(1)
 {
 printf("请输入待插入学生的学号: ");
 scanf("% s", inse_num);             / * 输入要插入结点的学号 * /
 if(strcmp(inse_num, " - 1") == 0)
    break;
 insert(head, inse_num);             / * 插入新结点 * /
 print(head);                        / * 输出全部结点 * /
 }
 return 0;
}
```

2. 从链表中删除结点

要从单向链表中删除一个结点,首先必须根据条件查找到待删除的结点。从一个带头结点的单向链表中删除一个结点,一般包括以下几个主要步骤:

（1）通过查找确定待删除的目标结点。

（2）使得目标结点的前驱结点的指针域指向目标结点的后继结点。

（3）释放待删除结点所占用的空间。

如图 12.14 所示。

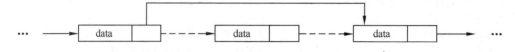

图 12.14　单向链表中结点的删除

在删除目标结点时，要使得目标结点的前驱结点的指针域指向目标结点的后继结点。但由于单向链表不能反向查找目标结点的前驱结点，因此必须借助于两个指针变量分别指向目标结点及其前驱结点。

【例 12.18】　编写函数实现从带头结点的单向链表中，删除包含指定学号的结点的功能。

编程思路：

从第一个结点开始顺序查找，若找到与指定学号相匹配的结点，则删除之；否则，不做处理。

算法设计：

（1）令 p1 指向头结点。

（2）令 p2 指向 p1 所指向的结点，p1 则指向 p1 原来的后继结点。

（3）若 p1 不是空指针并且 p1 所指向结点的学号不等于指定的学号，则转至步骤（2）。

（4）若 p1 是空指针，则表示未找到符合条件的结点。

（5）否则，令 p2 所指向结点的指针域指向 p1 所指向结点的后继结点，即可将 p1 所指向的结点删除，最后释放其所占用的空间。

源程序：

```
void dele(LIST * head, char number[10])
{
  LIST  * p1, * p2;
  p1 = head;
  do
  {
   p2 = p1;
   p1 = p1 -> next;
   if(p1 == NULL)
    break;
  }
  while(strcmp(p1 -> num,number)!= 0);
  if(p1 == NULL)                          /* 未找到符合条件的结点 */
   printf("表中没有学号为 % s 的结点!\n",number);
  else
  {
   p2 -> next = p1 -> next;
   free(p1);                             /* 释放待删除结点的空间 */
```

```
    }
  return;
}
```

完成了 dele 函数之后,就可以测试链表的创建、遍历、插入与删除了。用于调用 create 函数、print 函数、insert 函数与 dele 函数的相应主函数如下:

```
int main(void)                          /* 主函数版本3,创建、遍历、插入和删除 */
{
  LIST * head;
  char inse_num[10],del_num[10];
  head = creat();                       /* 建立链表,返回头指针 */
  print(head);                          /* 输出全部结点内容 */
  while(1)
  {
    printf("请输入待插入学生的学号(输入 -1 退出): ");
    scanf(" % s",inse_num);             /* 输入要插入结点的学号 */
    if(strcmp(inse_num," -1") == 0)
       break;
    insert(head,inse_num);              /* 插入新结点 */
    print(head);                        /* 输出全部结点 */
  }
  while(1)
  {
    printf("请输入待删除学生的学号(输入 -1 退出): ");
    scanf(" % s",del_num);              /* 输入要删除结点的学号 */
    if(strcmp(del_num," -1") == 0)
       break;
    dele(head,del_num);                 /* 删除结点 */
    print(head);                        /* 输出全部结点 */
  }
  return 0;
}
```

有关链表的进一步知识,感兴趣的读者可参阅数据结构方面的书籍。

第13章

位　运　算

有人称 C 语言是一种中级语言,这是因为它除了具备高级语言的一般特性之外,还具备低级语言的某些特性。例如,利用指针针对特定内存单元的操作能力,以及针对内存中二进制位的操作能力。这种特性使得 C 语言尤其适用于系统软件与测控软件的编写。

所谓位运算就是针对数据中的二进制位进行的运算。

13.1　位运算符

在 C 语言中共有 6 种基本位运算符,如表 13.1 所示。

表 13.1　基本位运算符

运算符	含　义
～	按位取反
&	按位与
|	按位或
^	按位异或
<<	按位左移
>>	按位右移

13.1.1　按位取反运算符～

其功能是将运算量中的每一个二进制位按位取反。即将每一位 0 变为 1,将每一位 1 变为 0。

【例 13.1】　按位取反运算示例。

```
# include < stdio. h >
int main(void)
{
 short int a = 15, b = ～a;
 printf("b = % hd\n",b);
 return 0;
}
```

程序运行结果为：

b = - 16

这是因为

$\sim$ 00000000 00001111B (a = 15)

= 11111111 11110000B (b = - 16)

错例：

```
# include < stdio. h>
int main(void)
{
 float a = 15, b = ~a;
 printf("b = % f\n",b);
 return 0;
}
```

该程序编译时将会提示运算量类型错误。这是因为考虑到实型数据的内存格式比较复杂，故 C 语言规定位运算的运算量只能是整型或字符型数据，而不能是实型数据。

13.1.2 按位与运算符 &

其功能是将两个运算量中所有对应的二进制位分别进行与运算，即仅当对应的两个二进制位均为 1 时，结果位才为 1；否则，结果位为 0。

【例 13.2】 按位与运算示例。

```
# include < stdio. h>
int main(void)
{
 short int a = 7, b = 10, c;
 c = a&b;
 printf("c = % hd\n",c);
 return 0;
}
```

程序运行结果为：

c = 2

这是因为

 00000000 00000111B (a = 7)

& 00000000 00001010B (b = 10)

= 00000000 00000010B (c = 2)

可以发现，按位与运算具有如下特点：某个二进制位，只要和 0 相与，该位即被清零；只要和 1 相与，该位即保持不变。

【例 13.3】 设有 short int a＝0x09a6，b;，编程序使得变量 b 的高字节清 0、低字节与变量 a 相同。

编程思路：

根据按位与运算的特点,只需将变量 a 和 0x00ff 进行按位与即可。

源程序:

```
# include < stdio. h>
int main(void)
{
 short int a = 0x09a6,b;
 b = a&0x00ff;
 printf("b = % 04hx\n",b);
 return 0;
}
```

程序运行结果为:

```
b = 00a6
```

这是因为

```
    00001001 10100110   (a = 0x09a6)
&   00000000 11111111   (0x00ff)
=   00000000 01110001   (b = 0x00a6)
```

13.1.3　按位或运算符

其功能是将两个运算量中所有对应的二进制位分别进行或运算,即仅当对应的两个二进制位均为 0 时,结果位才为 0;否则,结果位为 1。

【例 13.4】　按位或运算示例。

```
# include < stdio. h>
int main(void)
{
 short int a = 3,b = 5,c;
 c = a|b;
 printf("c = % hd\n",c);
 return 0;
}
```

程序运行结果为:

```
c = 7
```

这是因为

```
    00000000 00000011B   (a = 3)
|   00000000 00000101B   (b = 5)
=   00000000 00000111B   (c = 7)
```

可以发现,按位或运算具有如下特点:某个二进制位,只要和 1 相或,该位即被置 1;只要和 0 相或,该位即保持不变。

【例 13.5】　设有 short int a=0x09a6，b;；编程序使得变量 b 的高字节与变量 a 相同、低字节各位置 1。

编程思路:

根据按位或运算的特点,只需将变量 a 和 0x00ff 进行按位或即可。

源程序:

```
# include < stdio. h >
int main(void)
{
  short int a = 0x09a6,b;
  b = a|0x00ff;
  printf("b = % 04hx\n",b);
  return 0;
}
```

程序运行结果为:

b = 09ff

这是因为

```
    00001001 10100110   (a = 0x09a6)
|   00000000 11111111   (0x00ff)
=   00001001 11111111   (b = 0x09ff)
```

13.1.4　按位异或运算符∧

其功能是将两个运算量中所有对应的二进制位分别进行异或运算,即当对应的两个二进制位相异时,结果位为 1;当对应的两个二进制位相同时,结果位为 0。按位异或也称为按位加,即将对应的二进制位相加,但是不产生任何进位。

【例 13.6】　按位异或运算示例。

```
# include < stdio. h >
int main(void)
{
  short int a = 15,b = 10,c;
  c = a ^ b;
  printf("c = % hd\n",c);
  return 0;
}
```

程序运行结果为:

c = 5

这是因为

```
    00000000 00001111B   (a = 15)
^   00000000 00001010B   (b = 10)
=   00000000 00000101B   (c = 5)
```

可以发现,按位异或运算具有如下特点:某个二进制位,只要和 1 相异或,该位即被取反;只要和 0 相异或,该位即保持不变。利用这个特点,可以对一个数据中的部分二进制位进行取反。

【**例 13.7**】　设有 short int a＝0x09a6，b;，编程序使得变量 b 的高字节与变量 a 相同、低字节取反。

编程思路：

根据按位异或运算的特点，只需将变量 a 和 0x00ff 进行按位异或即可。

源程序：

```
#include<stdio.h>
int main(void)
{
  short int a = 0x09a6,b;
  b = a^0x00ff;
  printf("b = %04hx\n",b);
  return 0;
}
```

程序运行结果为：

b = 0959

这是因为

```
    00001001 10100110   (a = 0x09a6)
^   00000000 11111111   (0x00ff)
    00001001 01011001   (b = 0x0959)
```

13.1.5　按位左移运算符＜＜

按位左移运算符的一般使用形式为：

运算量＜＜n

其中，n 是左移的位数。

其功能是将运算量的内容左移 n 个二进制位，即从左边去掉 n 个二进制位，从右边补上 n 个 0。

【**例 13.8**】　按位左移运算示例 1。

```
#include<stdio.h>
int main(void)
{
  short int a = 15,b;
  b = a<<2;
  printf("b = %hd\n",b);
  return 0;
}
```

程序运行结果为：

b = 60

这是因为

```
    00000000 00001111B  (a = 15)
<<                    2
=   00000000 00111100B  (b = 60)
```

【例 13.9】 按位左移运算示例 2。

```
#include<stdio.h>
int main(void)
{
 short int a = - 15,b;
 b = a<<2;
 printf("b = % hd\n",b);
 return 0;
}
```

程序运行结果为：

b = - 60

这是因为

```
    11111111 11110001B  (a = - 15)
<<                    2
=   111111 1111000100B  (b = - 60)
```

可以发现,在不产生溢出的前提下,按位左移一位等同于乘以 2。

13.1.6 按位右移运算符>>

按位右移运算符的一般使用形式为：

运算量>> n

其中,n 是右移的位数。

其功能是将运算量的内容右移 n 个二进制位,即从右边去掉 n 个二进制位,从左边补上 n 个二进制位。对于无符号整数,左边一律补 0；对于有符号整数,左边一律补其符号位。

【例 13.10】 按位右移运算示例 1。

```
#include<stdio.h>
int main(void)
{
 short int a = 15,b;
 b = a>>2;
 printf("b = % hd\n",b);
 return 0;
}
```

程序运行结果为：

b = 3

这是因为

```
    00000000 00001111B　(a = 15)
>>                    2
=   00000000 00000011B　(b = 3)
```

【例 13.11】 按位右移运算示例 2。

```c
#include<stdio.h>
int main(void)
{
 short int a = -15,b;
 b = a>>2;
 printf("b = %hd\n",b);
 return 0;
}
```

程序运行结果为：

b = -4

这是因为

```
    11111111 11110001B　(a = -15)
>>                    2
=   11111111 11111100B　(b = -4)
```

可以发现,不论是无符号整数还是有符号整数,按位右移一位相当于被 2 整除(向下取整)。

【例 13.12】 从键盘输入一个短整数,将其高字节和低字节互换从而组合为新的短整数。要求用十六进制形式输入、输出数据。

编程思路：

(1) 利用按位与运算分离出短整数的高字节与低字节。

(2) 利用按位左移、按位右移调整字节在短整数中的位置。

(3) 利用按位或运算合成为新的短整数。

源程序：

```c
#include<stdio.h>
int main(void)
{
    unsigned short x,u,v;
    printf("请输入一个十六进制短整数：");
    scanf("%hx",&x);
    u = x&0x00ff;                    /* 获取 x 的低字节 */
    v = x&0xff00;                    /* 获取 x 的高字节 */
    u = u<<8;                        /* 将 u 左移 8 位变为高字节 */
    v = v>>8;                        /* 将 v 右移 8 位变为低字节 */
    x = u|v;
    printf("变换之后的十六进制短整数：%hx\n",x);
    return 0;
}
```

该程序运行时,若输入 a3c9,则输出结果为 c9a3。但是,若将变量定义语句改为 short x,u,v;,则输出结果变为 ffa3。你能分析其中的原因吗?

13.2 项目式案例

【例 13.13】 从键盘输入一个十六进制 ucs-2 编码,将其转化为 utf-8 编码,并以十六进制形式输出。

编程思路:

(1) 根据 ucs-2 编码的取值范围,确定 utf-8 编码的字节数。

(2) 若 ucs-2 编码介于 0x0000 至 0x007f 之间,则直接取低字节作为 utf-8 编码。

(3) 若 ucs-2 编码介于 0x0080 至 0x07ff 之间,则 utf-8 编码的第二个字节存储低 6 位,第一个字节存储相邻的 5 位。

(4) 若 ucs-2 编码介于 0x0800 至 0xffff 之间,则 utf-8 编码的第三个字节存储低 6 位,第二个字节存储相邻的 6 位,第一个字节存储高 4 位。

源程序:

```
# include < stdio.h >
int main(void)
{
    unsigned short ucs;
    unsigned char utf[3];
    int n,i;
    printf("请输入一个十六进制 ucs - 2 编码: \n");
    scanf(" % hx",&ucs);
    if(ucs < = 0x7f)
    {
      n = 1;
      utf[0] = (char)ucs;                    / * 取低字节 * /
    }
    else if(ucs < = 0x7ff)
    {
      n = 2;
      utf[1] = (char)ucs&0x3f;               / * 取低字节并将 d7d6 清零 * /
      utf[1] = utf[1]|0x80;                  / * d7 置 1 * /
      ucs = ucs >> 6;                        / * 右移 6 位 * /
      utf[0] = (char)ucs&0x1f;               / * 取低字节并将 d7d6d5 清零 * /
      utf[0] = utf[0]|0xc0;                  / * d7d6 置 1 * /
    }
    else if(ucs < = 0xffff)
    {
      n = 3;
      utf[2] = (char)ucs&0x3f;               / * 取低字节并将 d7d6 清零 * /
      utf[2] = utf[2]|0x80;                  / * d7 置 1 * /
      ucs = ucs >> 6;                        / * 右移 6 位 * /
      utf[1] = (char)ucs&0x3f;               / * 取低字节并将 d7d6 清零 * /
```

```
    utf[1] = utf[1]|0x80;              /* d7 置 1 */
    ucs = ucs >> 6;                    /* 右移 6 位 */
    utf[0] = (char)ucs&0x0f;           /* 取低字节并将 d7d6d5d4 清零 */
    utf[0] = utf[0]|0xe0;              /* d7d6d5 置 1 */
    }
    printf("转化之后的 utf - 8 编码为 : \n");
    for(i = 0;i < n;i++)
     printf(" % hx ",utf[i]);
    return 0;
}
```

第14章

文 件

在前面讲述的程序中，数据都存储于变量或数组之中。由于变量或数组在程序运行时是存储在内存中的，因此一旦程序运行结束，变量或数组中的数据将会全部丢失。如果我们希望将程序运行时所需要的原始数据或者程序的运行结果长期保存起来，就应当将这些数据以文件的形式存储到外存储器中。

14.1 文件概述

所谓文件，就是存储在外存储器上的一组相关数据的序列。每个文件有一个文件名，不同的文件通过文件名相互区分。

在 C 语言中，将文件看作是由一个一个的字节构成的，称为字节流。对文件读写时，也是以字节为单位进行的。因此，这种文件称为"流式文件"。

14.1.1 文本文件和二进制文件

按照文件内部数据的表示形式不同，可以将文件分为文本文件和二进制文件两种。

1. 文本文件

文本文件也称为 ASCII 码文件。在文本文件中，所有的数据都是以 ASCII 码的形式（汉字则是以内码的形式）存储的。因此，整型与实型的数据将首先自动转化为字符形式，然后再写入到文件中。具体如何转化，由输出函数中相应的格式说明符决定。

例如，若有 int a＝12345;，且使用"%d"的格式写入文件中，则变量 a 在文本文件中的存储形式为 00110001 00110010 00110011 00110100 00110101。再如，若有 float x＝12.369;，且使用"%.3f"的格式写入文件中，则变量 x 在文本文件中的存储形式为 00110001 00110010 00101110 00110011 00110110 00111001。

可见，在文本文件中，所有类型的数据均是以字符形式表示的。因此占用的存储空间较多，但可以用文本编辑软件（如记事本）直接显示。

2. 二进制文件

在二进制文件中，数据直接按其在内存中的表示形式存储。例如，若有 int a＝12345;

float x＝123.45;char ch＝'A';,则变量 a、x 和 ch 在二进制文件中的存储形式分别为 00000000　00000000　00110000　00111001、01000010　11110110　11100110　01100110 和 01000001。

可见,在二进制文件中,所有类型的数据均是按照其内存形式表示的。因此占用的存储空间较少,但不能用文本编辑软件直接显示,不过可用内码编辑软件(如 WinHex)查看。

14.1.2　FILE 类型

在 C 语言中,对文件的所有操作都是通过库函数实现的。而这些库函数都要用到一种名为 FILE 的类型,这种类型是在标准头文件 stdio.h 中预先定义好的一种结构体类型。

每当打开一个文件,系统都会自动地创建一个 FILE 类型的结构体变量,用以存储该文件的相关属性信息,如文件描述符、文件读写位置、缓冲区大小等。

因此,欲访问某个文件,必须首先访问与其对应的 FILE 类型结构体变量,以获得该文件的相关信息。

在文件操作函数中,一般都是通过 FILE 类型的指针来访问对应的结构体变量的。为了方便,通常将 FILE 类型的指针称为"文件指针"(虽然不太准确)。

14.2　文件的打开与关闭

在程序中,对文件进行读写操作之前要首先打开文件,读写完成之后则要关闭文件。在 C 语言中,文件的操作都是由库函数来实现的。

14.2.1　文件打开函数 fopen

fopen 函数用于在程序中打开一个文件,其函数原型为:

```
FILE * fopen(char * filename,char * mode)
```

其中,filename 是要打开文件的文件名,该文件名中可以包含文件的绝对路径或相对路径;mode 用于指定文件的打开方式。

该函数的功能是,按指定方式打开指定的文件,并为该文件创建一个 FILE 类型的结构体变量。其返回值为指向 FILE 类型的指针。若文件打开成功,则返回与该文件相对应的结构体变量的指针;否则,返回空指针 NULL。

文件的打开方式有多种,常见的文件打开方式及其功能如表 14.1 所示。

表 14.1　文件的打开方式

文件打开方式	功　能　含　义
"r"	文本读方式打开文件,只能读出,不能写入 文件必须已存在
"w"	文本写方式打开文件,只能写入,不能读出 若文件不存在,则创建之;若文件已存在,则清空之

文件打开方式	功 能 含 义
"a"	文本追加方式打开文件,只能写入,不能读出 若文件不存在,则创建之;若文件已存在,则保留之 只能在文件末写入数据
"r+"	文本读写方式打开文件,文件必须已存在 既可读出已有数据,也可改写或添加数据
"w+"	文本读写方式打开文件 若文件不存在,则创建之;若文件已存在,则清空之 既可写入数据,也可读出已有数据
"a+"	文本读写方式打开文件 若文件不存在,则创建之;若文件已存在,则保留之 只能在文件末写入数据,可读出已有数据
"rb"	二进制读方式打开文件,只能读出,不能写入 文件必须已存在
"wb"	二进制写方式打开文件,只能写入,不能读出 若文件不存在,则创建之;若文件已存在,则清空之
"ab"	二进制追加方式打开文件,只能写入,不能读出 若文件不存在,则创建之;若文件已存在,则保留之 只能在文件末写入数据
"rb+"	二进制读写方式打开文件,文件必须已存在 既可读出已有数据,也可改写或添加数据
"wb+"	二进制读写方式打开文件 若文件不存在,则创建之;若文件已存在,则清空之 既可写入数据,也可读出已有数据
"ab+"	二进制读写方式打开文件 若文件不存在,则创建之;若文件已存在,则保留之 只能在文件末写入数据,也可读出已有数据

那么,文本打开方式与二进制打开方式有什么区别呢?这个问题将在稍后的文件读写部分中说明。

从表 14.1 中可以发现,可读可写的打开方式包括"r+""w+""a+""rb+""wb+"和"ab+"等,这几种打开方式之间的区别将在文件的读写定位部分中说明。

【例 14.1】 在当前目录中,创建一个名为 a1.txt 的文本文件。

编程思路:

因为此处要求创建一个原来不存在的文本文件,故应采用"w"方式打开文件。

源程序:

```
#include<stdio.h>
int main(void)
{
 fopen("a1.txt","w");
 return 0;
}
```

该程序运行之后,我们可以从当前目录中找到一个名为 a1.txt 的空文件。

【例 14.2】 在 D 盘的根目录中,创建一个名为 a1.txt 的文本文件。

源程序:

```
# include < stdio.h >
int main(void)
{
 fopen("d:\a1.txt","w");
 return 0;
}
```

该程序运行之后,在指定的目录中并未找到一个名为 a1.txt 的空文件。原因何在呢?这是因为在 C 语言中出现在字符串中的"\"会被视为转义字符的起始字符。因此,若要表示一个普通的反斜杠,必须使用"\\"。

修正之后的源程序:

```
# include < stdio.h >
int main(void)
{
 fopen("d:\\a1.txt","w");
 return 0;
}
```

该程序运行之后,我们可以从指定的目录中找到一个名为 a1.txt 的空文件。

采用上述方式创建的文件,将无法进行任何其他的读写、关闭等操作。这是因为一个文件打开之后,通过库函数对该文件进行其他操作时,都要以该文件的指针作为函数的实参。因此,必须将 fopen 函数返回的指针值存储到一个变量中。

再次修正之后的源程序:

```
# include < stdio.h >
int main(void)
{
 FILE * fp;
 fp = fopen("d:\\a1.txt","w");
 return 0;
}
```

考虑到打开一个文件时,有可能会打开失败(比如文件不存在、文件路径错误或存储介质错误等,都会导致文件打开失败),因此通常要在程序中增加一条判断是否打开成功的 if 语句。

进一步修正之后的源程序:

```
# include < stdio.h >
# include < stdlib.h >
int main(void)
{
 FILE * fp;
 fp = fopen("d:\\a1.txt","w");
 if(fp == NULL)
```

```
{
 printf("文件打开失败!\n");
 exit(0);
 }
 return 0;
 }
```

其中的 exit 函数用于立即退出当前程序的执行,并以 0 作为返回值返回到操作系统。

若将打开文件的语句合并到 if 语句中,则可得到如下源程序:

```
# include < stdio.h >
# include < stdlib.h >
int main(void)
{
 FILE * fp;
 if((fp = fopen("d:\\a1.txt","w")) == NULL)      /* 此处必须先赋值后判断相等 */
 {
  printf("文件打开失败!\n");
  exit(0);
 }
 return 0;
 }
```

14.2.2 文件关闭函数 fclose

文件读写完毕之后,应当利用文件关闭函数及时地将文件关闭,以避免因误操作而造成的文件数据破坏。

文件关闭函数的原型为:

```
int fclose(FILE * fp)
```

该函数的功能是,关闭文件指针 fp 所指向的文件,并释放相应的 FILE 类型结构体变量。

该函数的返回值为 int 型,若文件关闭成功,则返回 0;否则,返回 EOF。EOF 是在头文件 stdio.h 中定义的宏,其值通常为－1。

例如:

```
fclose(fp);
```

14.3 文件的读写

文件打开之后,我们就可以对文件进行输入(读出)和输出(写入)操作了。所谓输入,就是将计算机外设(即外部设备,包括外存或 I/O 设备)中的数据经 CPU 传送到内存;所谓输出,就是将计算机内存中的数据经 CPU 传送到外设。

由于 CPU 的工作速度要远高于外设,因此会频频出现 CPU 等待外设的情形。为了缓解 CPU 与外设之间的速度不匹配,可以在 CPU 与外设之间设置 I/O 缓冲区。I/O 缓冲区实际上就是内存中的一段连续空间。通常在打开一个文件时分配 I/O 缓冲区,关闭文件时回收其 I/O 缓冲区。当向文件写入数据时,先将数据存入 I/O 缓冲区中,待缓冲区填满时,再将这些数据实际写入到文件中。当从文件中读出数据时,直接将整个数据块读出并存入 I/O 缓冲区中,然后再从缓冲区中逐个地读出数据。

在 C 语言中,提供了若干个用于文件读写的库函数,要注意读写文件之前必须选择适当的文件打开方式。

14.3.1　fscanf 函数和 fprintf 函数

1. fprintf 函数

fprintf 函数用于以指定的格式向文件中写入数据,其调用形式和参数含义都与 printf 函数很相似。

其一般调用形式为:

fprintf(文件指针,格式字符串,输出项);

该函数的功能是:按指定格式将数据写入到由文件指针所指向的文件中。若写入成功,则返回值为实际写入的字符个数;否则,返回值为 EOF。

【例 14.3】　从键盘输入若干个学生成绩(以－99 作为结束标志),然后写入到 D 盘根目录中的文件 number. txt 中。

算法设计:

(1) 以文本写方式打开文件 number. txt。

(2) 输入一个学生成绩。

(3) 若是结束标志,则转向第(5)步。

(4) 将数据写入到文件 number. txt 中,然后转向第(2)步。

(5) 关闭文件。

源程序:

```c
#include <stdio.h>
#include <stdlib.h>
int main(void)
{
  FILE *fp;
  int a;
  if((fp = fopen("d:\\number.txt","w")) == NULL)
  {
    printf("文件 number.txt 打开失败!\n");
    exit(0);
  }
  printf("请输入若干个学生成绩(以 - 99 作为结束标志): \n");
  while(1)
  {
    scanf("%d",&a);
    if(a == - 99)                    /* 结束标记不写入文件中 */
      break;
```

```
    fprintf(fp,"%d\n",a);          /*数据之间要有分隔符,以免将多个数据连成一体*/
  }
 fclose(fp);
 return 0;
}
```

该程序运行之后,将会创建一个名为 number. txt 的文件。若用文本编辑软件(如记事本)打开该文件,可以发现文件中的数据与输入的数据完全相同;若用内码编辑软件(如WinHex)打开该文件,可以发现文件中的每个字节都是 ASCII 码。以上两点说明该文件的确是文本文件。

是不是说用文本方式打开创建的就是文本文件,而用二进制方式打开创建的就是二进制文件呢?让我们来验证一下。

将上述程序中文件的打开方式改为二进制写方式,从而得到如下源程序。

```
# include < stdio. h >
# include < stdlib. h >
int main(void)
{
  FILE * fp;
  int a;
  if((fp = fopen("d:\\number01.dat","wb")) == NULL)
  {
    printf("文件 number01.dat 打开失败!\n");
    exit(0);
  }
  printf("请输入若干个学生成绩(以 - 99 作为结束标志):\n");
  while(1)
  {
    scanf("%d",&a);
    if(a == - 99)                    /*结束标记不写入文件中*/
     break;
    fprintf(fp,"%d\n",a);          /*数据之间要有分隔符,以免将多个数据连成一体*/
  }
 fclose(fp);
 return 0;
}
```

该程序运行之后,将会创建一个名为 number01. dat 的文件。若用文本编辑软件(如记事本)打开该文件,可以发现文件中的数据与输入的数据相同,只是并未实现分行;若用内码编辑软件(如 WinHex)打开该文件,可以发现文件中的每个字节都是 ASCII 码。以上两点说明该文件仍然是文本文件(即使其扩展名是. dat)。

其实一个新创建的文件是文本文件还是二进制文件的决定因素,是向文件中写入数据的函数,而不是文件的打开方式。一般而言,使用 fprintf、fputc 和 fputs 等函数所创建的文件,是文本文件;而使用 fwrite 函数所创建的文件,则是二进制文件。相应地,fscanf、fgetc和 fgets 等函数用于读取文本文件;而 fread 函数则用于读取二进制文件。

既然如此,为什么还要将文件的打开方式区分为文本方式与二进制方式呢?其实,这源于两类操作系统对于按 Enter 键换行的不同处理方式。在第一类操作系统(如 UNIX 和

Linux)的文本编辑软件中,采用与 C 语言相同的处理方式,只需用一个换行符(其 ASCII 码是 0AH),即可实现按 Enter 键换行。而在第二类操作系统(如 DOS 和 Windows)的文本编辑软件中,则采用与 C 语言不同的处理方式,需要用一个回车符(其 ASCII 码是 0DH)和一个换行符的组合,方可实现回车换行。

因此,在第二类操作系统(如 DOS 和 Windows)中,当用文本方式打开文件,并对文件进行写入操作时,将会把每一个换行符替换为一个回车符和一个换行符的组合;当用文本方式打开文件并对文件进行读出操作时,将会进行相反的替换。当用二进制方式打开文件,并对文件进行写入和读出操作时,将不会对字符进行任何替换。

在 Windows 操作系统中,使用内码编辑软件(如 WinHex)打开前面创建的两个文件number.txt 和 number01.dat,并进行对比,不难发现两者的区别所在。

在第一类操作系统(如 UNIX 和 Linux)中,文本打开方式与二进制打开方式是没有区别的。因此,不论用哪种方式打开文件,在对文件进行写入和读出操作时,都不会对字符进行任何替换。

2. fscanf 函数

fscanf 函数用于以指定格式从文件中读出数据,其调用形式和参数含义都与 scanf 函数很相似。

其一般调用形式为:

fscanf(文件指针,格式字符串,变量地址项);

该函数的功能是:从文件指针所指向的文件中,按指定格式读取数据并存入到对应的变量中。若读取成功,则返回值为实际读出的数据个数;否则,返回值为 EOF。

【例 14.4】　在 D 盘根目录下名为 number.txt 的文件中,存有若干个以空格或换行符分隔的整数,编写程序将这些整数全部读取出来,并输出到显示器上。

编程思路:

当从文件中读出数据时,若不能确定文件中数据的数目,如何才能控制读出全部数据呢? 为了解决这个问题,可以利用 C 语言中提供的测试函数 feof,即可判断是否读出全部数据而到达文件末尾。

feof 函数的原型为:

int feof(FILE * fp);

其功能是判断 fp 所指向的文件是否到达文件末尾。若是,则返回非 0;否则,返回 0。

算法设计:

(1) 以文本读方式打开文件 number.txt。

(2) 从文件 number.txt 中读出一个数据,并原样显示到屏幕上。

(3) 循环执行第(2)步,直至到达文件末尾为止。

(4) 关闭文件。

源程序之一(利用 feof 函数判断文件的结束):

```
# include < stdio. h>
# include < stdlib. h>
```

```
int main(void)
{
  FILE * fp;
  int a;
  if((fp = fopen("d:\\number.txt","r")) == NULL)
  {
    printf("文件 number.txt 打开失败!\n");
    exit(0);
  }
  while(1)
  {
  fscanf(fp," % d",&a);
  if(feof(fp))                          /* 等价于 if(feof(fp)!= 0) */
    break;
  printf(" % d ",a);
  }
  fclose(fp);
  return 0;
}
```

说明:

(1) 只有将文件中的数据(包括空格符、换行符和标点符号等)全部读出之后,函数 feof 的返回值才为真。

(2) 在文件 number.txt 中,由于在最后一个整数之后还有一个换行符,故需要多读一次才能到达文件末尾。

(3) 除了可以利用函数 feof 之外,也可以利用输入函数的返回值来判断是否到达文件的末尾。例如,fscanf 函数和 fgetc 函数在读到文件末尾时,都将会返回 EOF。

有的书中说 EOF 是文本文件的结束标志字符,其实这是一种陈旧过时的说法。因为在当今各种操作系统的文本文件中,一般不再设置专门的结束标志字符。因此,EOF 只是某些输入函数的返回值,而不是从文本文件中读出来的字符。

源程序之二(利用输入函数的返回值判断文件的结束):

```
# include < stdio. h >
# include < stdlib. h >
int main(void)
{
  FILE * fp;
  int a;
  if((fp = fopen("d:\\number.txt","r")) == NULL)
  {
    printf("文件 number.txt 打开失败!\n");
    exit(0);
  }
  while(1)
  {
  if(fscanf(fp," % d",&a) == EOF)        /* 将读出语句合并到 if 条件中 */
    break;
  printf(" % d ",a);
```

```
    }
    fclose(fp);
    return 0;
}
```

也可以将读出语句合并到循环条件中,从而得到如下源程序。

源程序之三(利用输入函数的返回值判断文件的结束):

```
#include<stdio.h>
#include<stdlib.h>
int main(void)
{
    FILE *fp;
    int a;
    if((fp=fopen("d:\\number.txt","r"))==NULL)
    {
        printf("文件number.txt打开失败!\n");
        exit(0);
    }
    while(fscanf(fp,"%d",&a)!=EOF)        /*将读出语句合并到循环条件中*/
        printf("%d",a);
    fclose(fp);
    return 0;
}
```

3. 设备文件

在 C 语言中,允许将外部设备当作文件来使用,并称之为设备文件。最常用的设备文件有三种:标准输入文件、标准输出文件和标准错误文件。标准输入文件通常是键盘,而标准输出文件和标准错误文件通常是显示器。这三种设备文件的 FILE 类型指针分别是 stdin、stdout 和 stderr,使用设备文件时,不需要打开,也不需要关闭。

例如:

```
fprintf(stdout,"%d,%d",a,b);
```

等价于

```
printf("%d,%d",a,b);
```

其功能为向标准输出设备输出 a、b 两个变量的值。

再如:

```
fscanf(stdin,"%d,%d",&m,&n);
```

等价于

```
scanf("%d,%d",&m,&n);
```

其功能为从标准输入设备输入两个整数并赋给 m、n 两个变量。

14.3.2　fgetc 函数和 fputc 函数

fgetc 函数和 fputc 函数是专门用于从文件中读出字符或向文件中写入字符的函数。

1. 写入字符函数 fputc

其函数原型为：

```
int fputc(char ch,FILE * fp)
```

该函数的功能是将 ch 中的字符写入到文件指针 fp 所指向的文件中。若写入成功,则返回该字符;否则,返回 EOF。

【例 14.5】 从键盘输入一篇文章(以♯作为输入结束标志),将其中的字符写入到 D 盘根目录中的文件 user.txt 中。

算法设计：

(1) 以文本写方式打开文件 user.txt;

(2) 从键盘输入一个字符;

(3) 将新字符写入到文件 user.txt 中;

(4) 循环执行第(2)步和第(3)步,直至输入♯为止;

(5) 关闭文件 user.txt。

源程序：

```
# include < stdio.h >
# include < stdlib.h >
int main(void)
{
  FILE * fp;
  char ch;
  if((fp = fopen("d:\\user.txt","w")) == NULL)
  {
    printf("文件打开失败!\n");
    exit(0);
  }
  printf("请输入一篇文章(以♯结束输入)：\n");
  while((ch = getchar())!= '♯')      /* 先赋值,后判断 */
  {
    fputc(ch,fp);
  }
  printf("文件写入完成!\n");
  fclose(fp);
  return 0;
}
```

2. 读出字符函数 fgetc

其函数原型为：

```
int fgetc(FILE * fp)
```

该函数的功能是从文件指针 fp 所指向的文件中读出一个字符。若读取成功,则返回该字符;否则,返回 EOF。

【例 14.6】 在 D 盘根目录中有一个名为 user.txt 的文件,编程序将其中所有的字符读取出来,并输出到显示器上。

算法设计：

(1) 以文本读方式打开文件 user.txt；

(2) 从文件 user.txt 中读出一个字符，并原样显示到屏幕上；

(3) 循环执行第(2)步，直至到达文件末尾为止；

(4) 关闭文件。

源程序：

```c
# include < stdio.h>
# include < stdlib.h>
int main(void)
{
  FILE * fp;
  char ch;
  if((fp = fopen("d:\\user.txt","r")) == NULL)
  {
    printf("文件打开失败!\n");
    exit(0);
  }
  while(1)
  {
    ch = fgetc(fp);
    if(feof(fp)) break;
    putchar(ch);
  }
  fclose(fp);
  return 0;
}
```

【例 14.7】 在 D 盘根目录中有一个文件，编程序将其内容复制一份，并写入到 D 盘根目录中的新文件中。其中，源文件名和目标文件名均由用户从键盘输入。

编程思路：

所谓文件复制，就是将源文件中的数据读取出来，再原样写入到目标文件中。

算法设计：

(1) 从键盘输入源文件名和目标文件名。

(2) 以二进制读方式打开源文件，以二进制写方式打开目标文件。

(3) 从源文件中读出一个字符，并原样写入到目标文件中。

(4) 循环执行第(3)步，直至到达源文件末尾为止。

(5) 关闭源文件和目标文件。

源程序：

```c
# include < stdio.h>
# include < string.h>
# include < stdlib.h>
int main(void)
{
  FILE * fpin, * fpout;
  char ch, in[20],out[20];
```

```
char filein[20] = "d:\\",fileout[20] = "d:\\";
printf("请输入源文件名: \n");
gets(in);
strcat(filein,in);
if((fpin = fopen(filein,"rb")) == NULL)
{
  printf("输入文件打开失败!\n");
  exit(0);
}
printf("请输入目标文件名: \n");
gets(out);
strcat(fileout,out);
if((fpout = fopen(fileout,"wb")) == NULL)
{
  printf("输出文件打开失败!\n");
  exit(0);
}
while(1)
{
  ch = fgetc(fpin);
  if(feof(fpin)) break;
  fputc(ch,fpout);
}
printf("文件复制成功!\n");
fclose(fpin);
fclose(fpout);
return 0;
}
```

说明：

（1）复制文件时，应采用二进制方式打开文件，即读出和写入时不进行任何的字符变换。

（2）因为该程序是按字节复制文件的，因此它不限于复制文本文件，还可以复制任意其他类型的文件。

14.3.3 fgets 函数和 fputs 函数

fgets 函数和 fputs 函数是专门用于从文件中读出字符串或向文件中写入字符串的函数。

1. 写入字符串函数 fputs

其函数原型为：

int fputs(char * str,FILE * fp)

该函数的功能是将指针 str 所指向的字符串写入到文件指针 fp 所指向的文件中（并不自动添加换行符）。若写入成功，则返回一个非负数；否则，返回 EOF。

【例 14.8】 从键盘输入一篇文章（以空行作为输入结束标志），并将其内容写入到 D 盘根目录中的文件 password.txt 中。

算法设计：

(1) 以文本写方式打开文件 password. txt。

(2) 从键盘输入一个字符串。

(3) 将该字符串以及换行符写入到文件 password. txt 中。

(4) 循环执行第(2)步和第(3)步,直至输入空行为止。

(5) 关闭文件 password. txt。

源程序：

```c
# include < stdio. h >
# include < string. h >
# include < stdlib. h >
int main(void)
{
  FILE  * fp;
  char s[80];
  if((fp = fopen("d:\\password.txt","w")) == NULL)
  {
    printf("文件打开失败!\n");
    exit(0);
  }
  printf("请输入一篇文章(以空行作为输入结束标志): \n");
  while(1)
  {
    gets(s);
    if(strlen(s) == 0)                   /* 也可以写作 if(s[0] == '\0') */
     break;
    fputs(s,fp);
    fputs("\n",fp);                      /* 写入一个换行符,以免连成一体 */
  }
  printf("文件写入完成!\n");
  fclose(fp);
  return 0;
}
```

2. 读出字符串函数 fgets

其函数原型为：

```c
char * fgets(char * buf, int n, FILE * fp)
```

该函数的功能是从文件指针 fp 所指向的文件中读出一个长度为 n−1 的字符串(若遇到换行符或文件末,则提前结束读操作,并保留读出的换行符),并在字符串末尾添加'\0'之后存入到指针 buf 所指向的内存区中。

若读取成功,则返回指针 buf 的值;否则,返回空指针 NULL。

【例 14.9】 在 D 盘根目录中有一个名为 password. txt 的文本文件,其中存有一篇不超过 100 行的文章,编程序读出其全部内容并输出到显示器上。

算法设计：

(1) 以文本读方式打开文件 password. txt。

（2）从该文件中读出一行字符串。

（3）将该字符串输出到显示器。

（4）循环执行第（2）步和第（3）步，直至读出所有字符串为止。

（5）关闭文件 password.txt。

源程序：

```
# include < stdio.h >
# include < string.h >
# include < stdlib.h >
int main(void)
{
  FILE * fp;
  char s[80],t;
  int i,j,n;
  if((fp = fopen("d:\\password.txt","r")) == NULL)
  {
   printf("文件打开失败!\n");
   exit(0);
  }
  while(fgets(s,80,fp)!= NULL)              /* 读出时会将换行符读出并存入到数组中 */
  {
    n = strlen(s);
    if(s[n - 1] == '\n')
     s[n - 1] = '\0';                       /* 若最后一个字符是换行符,则删除它 */
    puts(s);
  }
  printf("文件读出完成!\n");
  fclose(fp);
  return 0;
}
```

14.3.4 fread 函数和 fwrite 函数

fread 函数和 fwrite 函数是以块方式读写二进制文件的函数。

1. 块写入函数 fwrite

其函数原型为：

int fwrite(void * pt,unsigned size,unsigned n,FILE * fp)

该函数的功能是将指针 pt 所指向的连续 n 个长度为 size 字节的数据块,写入到文件指针 fp 所指向的文件中。返回值是实际写入的数据块个数。

由于 fwrite 函数向文件中写入数据时,是按照数据在内存中的格式写入的,因此所创建的文件属于二进制文件。

【例 14.10】 在 D 盘根目录中有一个名为 student.txt 的文本文件,其中存有若干名学生的序号、班级、学号、姓名信息。其中每个学生的信息占一行,各项数据之间以空格分隔。编程序从该文件中读出所有的数据,然后以二进制形式写入到文件 student.dat 中。

编程思路：

（1）以文本读出方式打开文件 student. txt。

（2）以二进制写方式打开文件 student. dat。

（3）以文本方式从文件 student. txt 中读出一条记录。

（4）将该记录内容以二进制形式写入到文件 student. dat 中。

（5）循环执行步骤（3）和步骤（4），直至到达文件 student. txt 的末尾为止。

源程序：

```c
# include < stdio. h >
# include < stdlib. h >
struct stu
{
  unsigned short id;
  char num[12];
  char name[21];
  char class[11];
};
int main(void)
{
  FILE * fpin, * fpout;
  struct stu s;
  unsigned short r;
  if((fpin = fopen("d:\\student. txt","r")) == NULL)
  {
     printf("输入文件打开失败!\n");
     exit(0);
  }
  if((fpout = fopen("d:\\student. dat","wb")) == NULL)
  {
     printf("输出文件打开失败!\n");
     exit(0);
  }
  while(1)
  {
    fscanf(fpin," % hu",&s. id);
      if(feof(fpin)) break;
    fscanf(fpin," % s % s % s",s. num,s. name,s. class); / * 从文本文件中读出一个学生的数据 * /
    fwrite(&s,sizeof(struct stu),1,fpout);              / * 以二进制形式写入到新文件中 * /
  }
  fclose(fpin);
  fclose(fpout);
  return 0;
}
```

那么，这里的两个文件有什么不同呢？若用文本编辑软件分别打开两个文件，可以发现文件 student. txt 的内容能正常显示；而文件 student. dat 的内容则显示为乱码。若用内码编辑软件分别打开两个文件，可以发现文件 student. txt 中的所有数据均以 ASCII 码（或汉字内码）形式存储；而在文件 student. dat 中所有的数据都是按照其内存格式存储的，当然字符型数据的内存格式仍然是 ASCII 码(或汉字内码)形式。

【例 14.11】 从键盘输入 10 个学生的姓名以及数学、英语和计算机三门课程的成绩，然后求出每个学生的平均成绩，最后将全部数据写入到 D 盘根目录中的文件 class.dat 中。

编程思路：

此处可定义一个结构体数组，用以存储 10 个学生的信息，然后利用 fwrite 函数将这些数据写入到文件中。

算法设计：

(1) 以二进制写方式打开文件 class.dat。

(2) 输入 10 个学生的姓名以及三门课程的成绩，求出其平均成绩，并全部存入到结构体数组中。

(3) 用 fwrite 函数将结构体数组的内容写入到文件 class.dat 中。

(4) 关闭文件。

源程序：

```
# include < stdio.h >
# include < stdlib.h >
struct stu
{
  char name[20];
  float math;
  float eng;
  float comp;
  float ave;
}st[10];                              /* 结构体数组 st 用于存储 10 名学生的数据 */
int main(void)
{
  FILE * fp;
  int i;
  if((fp = fopen("d:\\class.dat","wb")) == NULL)
  {
     printf("文件打开失败!\n");
     exit(0);
  }
  printf("请输入 10 个学生的姓名及三门课程的成绩: \n");
  for(i = 0;i < 10;i++)
  {
  scanf("%s%f%f%f",st[i].name,&st[i].math,&st[i].eng,&st[i].comp);
  st[i].ave = (st[i].math + st[i].eng + st[i].comp)/3;
  }
  fwrite(st,sizeof(struct stu),10,fp);
  fclose(fp);
  printf("文件写入完成!\n");
  return 0;
}
```

不难发现，该程序中的语句 fwrite(st,sizeof(struct stu),10,fp);;，也可以改写为如下的循环。

```
for( i = 0 ; i < 10 ; i++ )
    fwrite( &st[i] , sizeof(struct stu) , 1 , fp );
```

2. 块读出函数 fread

其函数原型为:

```
int fread( void * pt , unsigned size , unsigned n , FILE * fp )
```

该函数的功能是从文件指针 fp 所指向的文件中,读出连续 n 个长度为 size 字节的数据块,存入到指针 pt 所指向的内存区中。返回值是实际读出的数据块个数。

14.4　拓展:文件的读写定位与随机读写

前面讲述的文件读写都属于顺序读写方式,即只能从文件的开头开始,依次顺序读写数据。但在实际应用中,有时则需要直接读写文件中间的某一部分数据,这种读写方式称为随机读写。很显然,相对于顺序读写方式来说,随机读写方式具有更高的效率与灵活性。

为了实现文件的随机读写,C 语言提供了几个实现文件读写位置定位的函数。为了便于描述,可以设想有一个指针总是指向文件中当前的读写位置,并称之为读写位置指针。

14.4.1　rewind 函数

其函数原型为:

```
void rewind( FILE * fp )
```

该函数的功能是将 fp 所指向的文件的读写位置指针重新定位到文件首。
例如:

```
rewind( fp );
```

14.4.2　fseek 函数

其函数原型为:

```
int fseek( FILE * fp , long offset , int base )
```

该函数的功能是将 fp 所指向的文件的读写位置指针定位到基准位置 base 和偏移量 offset 所确定的位置上。

其中,基准位置 base 有三种选择,其表示方法如表 14.2 所示。

表 14.2　base 的表示方法及含义

起始点	表示符号	数字表示
文件首	SEEK_SET	0
当前位置	SEEK_CUR	1
文件末尾	SEEK_END	2

offset 是相对于基准位置的偏移量,其值为正则表示向文件尾方向偏移,其值为负则表示向文件首方向偏移。

例如:

```
fseek(fp,10,0);,
```

将读写位置指针移动到从文件首向后偏移 10 个字节处。

再如:

```
fseek(fp,-10,SEEK_END);
```

将读写位置指针移动到从文件尾向前偏移 10 个字节处。

需要注意,在调用 fseek 函数时,若以常量形式表示的偏移量的值超出了 int 型数据的取值范围,则必须表示为长整型常量,即在整型常量之后添加 l 或 L。

例如:

```
fseek(fp,1000000L,SEEK_SET);
```

14.4.3　ftell 函数

其函数原型为:

```
long ftell(FILE * fp)
```

该函数的功能是若调用成功,则返回 fp 所指向的文件的读写位置指针相对于文件首的偏移量;若失败,则返回-1。

例如:

```
n = ftell(fp);
```

14.4.4　文件的随机读写

在数据文件中,一组完整的相关数据项(例如一个学生的各项数据)可以称为一条记录。一条记录相当于二维表格中的一行。

在文本文件中,由于不同记录的长度往往是不相等的,故难以直接确定某一条记录的起始位置,因此文本文件适合于采用顺序方式读写。而在二进制文件中,所有记录的长度都是相等的,故可以根据某一条记录的序号而直接确定其起始位置,因此二进制文件既可以采用顺序方式读写,也可以采用随机方式读写。

对于同一个文件,如果在程序中既需要读出又需要写入,那么就应该以可读可写的方式打开该文件。从表 14.1 中可以发现,可读可写的打开方式包括"r+""w+""a+""rb+""wb+"和"ab+"等,其实这几种打开方式之间是有很大不同的。

其中"r+"与"rb+"方式只能打开已存在的文件,打开之后既可以读出数据,也可以改写任意位置的已有数据,还可以在文件末添加新的数据。"w+"与"wb+"方式可以创建新的文件,但若文件已存在则会先清空其内容;打开之后既可以写入新的数据,也可以改写任意位置的已有数据,同时也可以读出数据。"a+"与"ab+"方式可以创建新的文件,若文件已存在则会保留其内容;打开之后可以读出数据,但只能在文件末写入新的数据,而不能改写任意的已有数据。

此外需要特别注意,当以可读可写的方式打开文件时,必须满足下列条件之一才能由读出改为写入或由写入改为读出。

(1) 刚刚执行了 rewind、fseek 等重新定位读写位置指针的操作。

(2) 读写位置指针已到达文件末。

【例 14.12】 已知在 D 盘根目录中的文件 class.dat 中存有若干个学生的信息(结构同例 14.11),要求从键盘输入一个学生的姓名,然后读出其各项信息,并将其各科成绩提高10%,最后重新写入到原文件中。

编程思路:

(1) 根据文件的结构,应当利用 fread 函数从文件中读取数据块。

(2) 由于不能确定文件中数据块的个数,因此每次只读出一个数据块,直至到达文件末为止。

(3) 由于要对已存在的文件进行读操作和写操作,故应采用"rb+"方式打开文件。

算法设计:

(1) 以"rb+"方式打开文件 class.dat。

(2) 从键盘输入一个学生姓名。

(3) 用 fread 函数从文件 class.dat 中读取一个记录到结构体变量中。

(4) 若姓名不相符,则转向第(3)步执行,直至到达文件末为止;否则,修改其成绩数据。

(5) 若未找到相应记录,则显示提示信息。

(6) 重新显示文件中的所有数据。

(7) 关闭文件。

源程序:

```c
# include < stdio.h >
# include < string.h >
# include < stdlib.h >
struct stu
{
    char name[20];
    float math;
    float eng;
    float comp;
    float ave;
};
int main(void)
{
    FILE * fp;
    struct stu s;                          /*变量 s 用于存储一个学生的数据*/
    char name01[20];
    if((fp = fopen("d:\\class.dat","rb+")) == NULL)
    {
     printf("文件打开失败!\n");
     exit(0);
```

```
      }
      printf("修改之前的学生数据:\n");
      while(1)
      {
       fread(&s,sizeof(struct stu),1,fp);              /* 读出一条记录 */
       if(feof(fp)) break;
       printf("%20s%7.2f%7.2f%7.2f%7.2f\n",s.name,s.math,s.eng,s.comp,s.ave);
      }
      printf("请输入待查找学生的姓名:");
      gets(name01);
      rewind(fp);                                      /* 读写指针回到文件首,以备重新读文件 */
      while(1)
      {
       fread(&s,sizeof(struct stu),1,fp);              /* 读出一条记录 */
       if(feof(fp)) break;
       if(strcmp(s.name,name01) == 0)
       {
       s.math * = 1.1;
       s.eng * = 1.1;
       s.comp * = 1.1;
       s.ave * = 1.1;
       fseek(fp, - sizeof(struct stu),SEEK_CUR);
                                                /* 读写指针回到当前数据块开头,以备修改数据 */
       fwrite(&s,sizeof(struct stu),1,fp);             /* 写入一条记录 */
       printf("修改完成!\n");
       break;
       }
      }
      if(feof(fp))                                     /* 若到达文件末,则说明未找到 */
         printf("查无此人!\n");
      rewind(fp);                                      /* 读写指针回到文件首,以备重新读文件 */
      printf("修改之后的学生数据:\n");
      while(1)
      {
       fread(&s,sizeof(struct stu),1,fp);              /* 读出一条记录 */
       if(feof(fp)) break;
       printf("%20s%7.2f%7.2f%7.2f%7.2f\n",s.name,s.math,s.eng,s.comp,s.ave);
      }
      fclose(fp);
      return 0;
  }
```

14.5　项目式案例

【例 14.13】 编程序实现课堂随机点名功能。要求程序运行时,能够从 D 盘根目录中名为 student.dat 的二进制文件中读取全部学生的数据,然后随机抽取一名学生,并将其序号、班级、学号、姓名信息输出到显示器上。

编程思路：

（1）将文件中所有学生的数据读入到一个结构体数组 s 中，并统计出记录个数 n。

（2）利用随机函数产生一个 0 到 n−1 之间的随机整数 r。

（3）将结构体数组元素 s[r]各成员的值输出到显示器上。

（4）循环执行步骤（2）和步骤（3），直至用户选择退出循环为止。

源程序：

```c
#include<stdio.h>
#include<stdlib.h>
#include<time.h>
struct stu
{
  unsigned short id;
  char num[12];
  char name[21];
  char class[11];
};
int main(void)
{
  FILE *fp;
  struct stu s[1000];
  unsigned short n,r;
  char ch;
  if((fp=fopen("d:\\student.dat","rb"))==NULL)
  {
     printf("文件打开失败!\n");
     exit(0);
  }
  n=0;
  do
  {
   fread(&s[n],sizeof(struct stu),1,fp);          /*从文件中读出一个学生的数据*/
   n++;
  }while(!feof(fp));
  fclose(fp);
  while(1)
  {
  srand((unsigned short)time(NULL));              /*初始化随机数种子*/
  r=rand()%n;                                     /*产生 0 到 n−1 的随机整数*/
  printf("随机抽取到的学生信息:\n");
  printf("%hu\n",s[r].id);
  printf("学号: %s\n",s[r].num);
  printf("姓名: %s\n",s[r].name);
  printf("班级: %s\n",s[r].class);
  printf("是否继续点名(Y/N)?\n");
  ch=getchar();
  getchar();                                      /*跳过换行符*/
  if(ch=='N'||ch=='n')
   break;
```

```
    }
    return 0;
}
```

【例 14.14】 在 D 盘根目录中,有一个名为 source.txt 的 utf-8 编码格式的文本文件。编程序读出其中的所有字符,并转化为大端模式的 ucs-2 编码,最后写入到 D 盘根目录中名为 target.txt 的文本文件中。

编程思路:

(1) 从 utf-8 编码格式的文件中读出一个字节,并根据其标志位确定相应字符的字节数。

(2) 若是单字节编码,则直接将该字节作为 ucs-2 编码的低字节,高字节各位取 0。

(3) 若是双字节编码,则将首字节的低 5 位作为 ucs-2 编码的 d10~d6 位,将次字节的低 6 位作为 ucs-2 编码的 d5~d0 位,其余各位取 0。

(4) 若是三字节编码,则将首字节的低 4 位作为 ucs-2 编码的 d15~d12 位,将次字节的低 6 位作为 ucs-2 编码的 d11~d6 位,将第三字节的低 6 位作为 ucs-2 编码的 d5~d0 位。

(5) 将得到的 ucs-2 编码按照先高字节、后低字节的顺序写入到新的文件中。

源程序:

```c
#include<stdio.h>
#include<stdlib.h>
int main(void)
{
    unsigned short ucs;
    unsigned char utf,u[2],b[3];
    FILE * fin, * fout;
    if((fin = fopen("d:\\source.txt","rb")) == NULL)
    {
     printf("输入文件打开失败!\n");
     exit(0);
    }
    if((fout = fopen("d:\\target.txt","wb")) == NULL)
    {
     printf("输出文件打开失败!\n");
     exit(0);
    }
    fread(b,1,3,fin);                           /*从 utf-8 文件中读出 3 个节*/
    if(!(b[0] == 0xef&&b[1] == 0xbb&&b[2] == 0xbf)) /*若是无 BOM 的 utf-8 文件*/
     rewind(fin);                               /*则返回到文件首*/
    u[0] = 0xfe;
    u[1] = 0xff;
    fwrite(u,1,2,fout);                         /*写入大端格式 UCS-2 文件 BOM*/
    while(1)
    {
     ucs = 0;
     fread(&utf,1,1,fin);                       /*读首字节*/
     if(feof(fin))
     break;
```

```
        if((utf&0x80) == 0)                              /* 单字节编码 */
        ucs = (unsigned short)utf;
        else if((utf|0x3f) == 0xff&&(utf&0x20) == 0)     /* 双字节编码 */
        {
         utf = utf&0x1f;                                 /* 首字节 d7d6d5 清零,保留数据位 */
         ucs = (unsigned short)utf;
         ucs = ucs << 6;
         fread(&utf,1,1,fin);                            /* 读第二字节 */
         utf = utf&0x3f;                                 /* 第二字节 d7d6 清零,保留数据位 */
         ucs = ucs|utf;                                  /* 合并数据位 */
        }
        else if((utf|0x1f) == 0xff&&(utf&0x10) == 0)     /* 三字节编码 */
        {
         utf = utf&0x0f;                                 /* 首字节 d7d6d5d4 清零,保留数据位 */
         ucs = (unsigned short)utf;
         ucs = ucs << 6;
         fread(&utf,1,1,fin);                            /* 读第二字节 */
         utf = utf&0x3f;                                 /* 第二字节 d7d6 清零,保留数据位 */
         ucs = ucs|utf;                                  /* 合并数据位 */
         ucs = ucs << 6;
         fread(&utf,1,1,fin);                            /* 读第三字节 */
         utf = utf&0x3f;                                 /* 第三字节 d7d6 清零,保留数据位 */
         ucs = ucs|utf;                                  /* 合并数据位 */
        }
        u[1] = (unsigned char)ucs;                       /* ucs 低字节 */
        ucs = ucs >> 8;
        u[0] = (unsigned char)ucs;                       /* ucs 高字节 */
        fwrite(u,1,2,fout);                              /* 先写入高字节,再写入低字节 */
        }
        fclose(fin);
        fclose(fout);
        printf("转化完毕!\n");
        return 0;
    }
```

ASCII码字符表

ASCII 码是计算机中使用最广泛的字符集及其编码，全称为 American Standard Code for Information Interchange（美国标准信息交换码），由美国国家标准化协会（ANSI）制定。已被国际标准化组织（ISO）定为国际标准，称为 ISO 646 标准。适用于所有拉丁文字字母。ASCII 码由 7 位二进制数进行编码，可表示 128 个字符。在计算机的存储单元中，一个 ASCII 码实际占用 1 个字节（8 个位），因此，标准 ASCII 码的最高位为 0。

标准 ASCII 码与二进制、十六进制和十进制值的对应关系如附表 A-1 和附表 A-2 所示。

附表 A-1   ASCII 码对应的二进制和十六进制的值

高位 / 低位	十六进制	0	1	2	3	4	5	6	7
十六进制 / 二进制 （二进制）	二进制	0000	0001	0010	0011	0100	0101	0110	0111
0	0000	NUL	DEL	SP	0	@	P	`	p
1	0001	SOH	DC1	!	1	A	Q	a	q
2	0010	STX	DC2	"	2	B	R	b	r
3	0011	ETX	DC3	#	3	C	S	c	s
4	0100	EOT	DC4	$	4	D	T	d	t
5	0101	ENQ	NAK	%	5	E	U	e	u
6	0110	ACK	SYN	&	6	F	V	f	v
7	0111	BEL	ETB	,	7	G	W	g	w
8	1000	BS	CAN	(	8	H	X	h	x
9	1001	HT	EM	)	9	I	Y	i	y
A	1010	LF	SUB	*	:	J	Z	j	z
B	1011	VT	ESC	+	;	K	[	k	{
C	1100	FF	FS	,	<	L	\	l	|
D	1101	CR	GS	—	=	M	]	m	}
E	1110	SO	RS	.	>	N		n	~
F	1111	SI	US	/	?	O	_	o	DEL

附表 A-2　ASCII 码对应的十进制值

十进制值	ASCII 码	十进制值	ASCII 码	十进制值	ASCII 码	十进制值	ASCII 码
0	NUL	32	SP	64	@	96	`
1	SOH	33	!	65	A	97	a
2	STX	34	"	66	B	98	b
3	ETX	35	#	67	C	99	c
4	EOT	36	$	68	D	100	d
5	ENQ	37	%	69	E	101	e
6	ACK	38	&	70	F	102	f
7	BEL	39	,	71	G	103	g
8	BS	40	(	72	H	104	h
9	HT	41	)	73	I	105	i
10	LF	42	*	74	J	106	j
11	VT	43	+	75	K	107	k
12	FF	44	,	76	L	108	l
13	CR	45	?	77	M	109	m
14	SO	46	.	78	N	110	n
15	SI	47	/	79	O	111	o
16	DEL	48	0	80	P	112	p
17	DC1	49	1	81	Q	113	q
18	DC2	50	2	82	R	114	r
19	DC3	51	3	83	S	115	s
20	DC4	52	4	84	T	116	t
21	NAK	53	5	85	U	117	u
22	SYN	54	6	86	V	118	v
23	ETB	55	7	87	W	119	w
24	CAN	56	8	88	X	120	x
25	EM	57	9	89	Y	121	y
26	SUB	58	:	90	Z	122	z
27	ESC	59	;	91	[	123	{
28	FS	60	<	92	\	124	|
29	GS	61	=	93	]	125	}
30	RS	62	>	94		126	~
31	US	63	?	95	?	127	DEL

ASCII 码表中字符说明如下。

(1)第 0～32 号及第 127 号为不可见的控制字符,用于通信等方面。控制字符的作用如附表 A-3 所示。

附表 A-3　控制字符的作用

顺序号	ASCII 码字符	作　用	C 语言的转义字符
0	NUL	空	\°
1	SOH	标题开始	
2	STX	正文开始	

续表

顺序号	ASCII 码字符	作　用	C 语言的转义字符
3	ETX	正文结束	
4	EOT	传输结束	
5	ENQ	询问字符	
6	ACK	确认	
7	BEL	报警	\a
8	BS	退格	\b
9	HT	横向制表	\t
10	LF	换行	\n
11	VT	垂直制表	\v
12	FF	走纸控制(换页)	\f
13	CR	回车	\r
14	SO	移位输出	
15	SI	移位输入	
16	DEL	数据链换码	
17	DC1	设备控制1	
18	DC2	设备控制2	
19	DC3	设备控制3	
20	DC4	设备控制4	
21	NAK	否定	
22	SYN	空转同步	
23	ETB	信息组传送结束	
24	CAN	作废	
25	EM	纸尽	
26	SUB	换纸	
27	ESC	换码	
28	FS	文字分隔符	
29	GS	组分隔符	
30	RS	记录分隔符	
31	US	单元分隔符	
32	SP	空格	
127	DEL	删除	

（2）第 33～126 号为可见字符,包括大小写英文字母,0～9 阿拉伯数字,标点符号和运算符。

C语言的关键字

　　关键字就是已被编程语言本身使用的标识符,不能用作变量名、函数名等其他用途。在C语言中,由ANSI标准定义的关键字共32个:auto,double,int,struct,break,else,long,switch,case,enum,register,typedef,char,extern,return,union,const,float,short,unsigned,continue,for,signed,void,default,goto,sizeof,volatile,do,if,while,static。

　　对于不同的编译器,会有一些不同的关键字。

附录C

运算符的优先级和结合性

运算符的优先级和结合性如附表 C-1 所示。

附表 C-1 运算符的优先级和结合性

优先级	运算符	名称或含义	使用形式	结合方向	说明
1	[]	数组下标	数组名[常量表达式]	左结合	
	()	圆括号	(表达式)		
	++、--	后自增(后自减)运算符	变量名++/变量名--		
	.	成员选择(对象)	对象.成员名		
	->	成员选择(指针)	对象指针->成员名		
2	-	取负运算符	-表达式	右结合	单目运算
	(类型)	强制类型转换	(数据类型)表达式		
	++、--	前自增(前自减)运算符	++变量名/--变量名		
	*	间接引用运算符	*指针变量		
	&	取地址运算符	&变量名		
	!	逻辑非运算符	!表达式		
	~	按位取反运算符	~表达式		
	sizeof	长度运算符	sizeof(表达式)		
3	*	乘	表达式*表达式	左结合	双目运算
	/	除	表达式/表达式		
	%	求余数(取模)	整型表达式%整型表达式		
4	+	加	表达式+表达式	左结合	双目运算
	-	减	表达式-表达式		
5	<<	按位左移	变量<<表达式	左结合	移位运算
	>>	按位右移	变量>>表达式		
6	>	大于	表达式>表达式	左结合	双目运算
	>=	大于等于	表达式>=表达式		
	<	小于	表达式<表达式		
	<=	小于等于	表达式<=表达式		
7	==	等于	表达式==表达式	左结合	双目运算
	!=	不等于	表达式!=表达式		
8	&	按位与	表达式&表达式	左结合	双目运算
9	^	按位异或	表达式^表达式	左结合	双目运算
10	|	按位或	表达式|表达式	左结合	双目运算

续表

优先级	运算符	名称或含义	使用形式	结合方向	说明
11	&&	逻辑与	表达式 && 表达式	左结合	双目运算
12	||	逻辑或	表达式||表达式	左结合	双目运算
13	?:	条件运算符	表达式1? 表达式2：表达式3	右结合	三目运算
14	=	赋值运算符	变量＝表达式	右结合	双目运算
	/=	除后赋值	变量/＝表达式		
	*=	乘后赋值	变量*＝表达式		
	%=	取模后赋值	变量%＝表达式		
	+=	加后赋值	变量＋＝表达式		
	−=	减后赋值	变量−＝表达式		
	<<=	按位左移后赋值	变量<<＝表达式		
	>>=	按位右移后赋值	变量>>＝表达式		
	&=	按位与后赋值	变量&＝表达式		
	^=	按位异或后赋值	变量^＝表达式		
	|=	按位或后赋值	变量|＝表达式		
15	,	逗号运算符	表达式,表达式,…	左结合	顺序运算

附录D

常用的C语言库函数

1. 数学函数

调用数学函数时,要求在源程序文件中使用♯include < math. h >。附表 D-1 为数学函数列表。

附表 D-1　数学函数

函数原型说明	功　能	返　回　值
int abs(int x);	求整数 x 的绝对值	计算结果
double acos(double x);	计算 $\cos^{-1}(x)$ 的值 $(-1 \leqslant x \leqslant 1)$	$0 \sim \pi$
double asin(double x);	计算 $\sin^{-1}(x)$ 的值 $(-1 \leqslant x \leqslant 1)$	$-\pi/2 \sim \pi/2$
double atan(double x);	计算 $\tan^{-1}(x)$ 的值	$-\pi/2 \sim \pi/2$
double atan2(doublex,double y);	计算 $\tan^{-1}(x/y)$ 的值	$-\pi/2 \sim \pi/2$
double cos(double x);	计算 $\cos(x)$ 的值, x 单位为弧度	$-1 \sim 1$
double cosh(double x);	计算 x 的双曲余弦, 函数 $\cosh(x)$ 值	计算结果
double exp(double x);	求 e^x 的值	计算结果
double fabs(double x);	求实数 x 的绝对值	计算结果
double floor(double x);	求不大于 x 的最大整数	该整数等值的双精度实数
double fmod(double x,double y);	求 x 整除 y 的余数	返回双精度的余数
double log(double x);	求 $\ln x$	计算结果
double log10(double x);	求 $\log_{10} x$	计算结果
double pow(double x,double y);	计算 x^y 的值	计算结果
double sin(double x);	计算 $\sin x$ 的值, x 单位为弧度	$-1 \sim 1$
double sinh(double x);	计算 x 的双曲正弦 函数 $\sinh(x)$ 的值	计算结果
double sqrt(double x);	计算 x 的平方根, $x \geqslant 0$	计算结果
double tan(double x);	计算 $\tan(x)$ 的值, x 单位为弧度	计算结果
double tanh(double x);	计算 x 的双曲正切 函数 $\tanh(x)$ 的值	计算结果

2. 字符函数和字符串函数

调用字符函数时,要求在源程序文件中使用♯include < ctype. h >;而在使用字符串函数时,要求在源程序文件中使用♯include < string. h>。附表 D-2 为字符函数和字符串函数列表。

附表 D-2　字符函数和字符串函数

函数原型说明	功　　能	返　回　值	包含文件
int isalnum(int ch);	检查 ch 是否为字母或数字	是字母或数字返回 1; 否则返回 0	ctype. h
int isalpha(int ch);	检查 ch 是否为字母	是字母返回 1, 不是返回 0	ctype. h
int iscntrl(int ch);	检查 ch 是否为控制字符(其 ASCII 码在 0 到 0x1f 之间或 0x7f)	是,返回 1; 不是,返回 0	ctype. h
int isdigit(int ch);	检查 ch 是否为数字('0'~'9')	是,返回 1; 不是,返回 0	ctype. h
int isgraph(int ch);	检查 ch 是否为图形字符(其 ASCII 码在 0x21 到 0x7e 之间),不含空格	是,返回 1; 不是,返回 0	ctype. h
int islower(int ch);	检查 ch 是否为小写字母('a'~'z')	是,返回 1; 不是,返回 0	ctype. h
int isprint (int ch);	检查 ch 是否为可打印字符(包括空格),其 ASCII 码在 0x20 到 0x7e 之间	是,返回 1; 不是,返回 0	ctype. h
int ispunct (int ch);	检查 ch 是否为标点字符,即除字母、数字和空格外所有可打印字符	是,返回 1; 不是,返回 0	ctype. h
int isspace(int ch);	检查 ch 是否为空格、跳格符(制表符)或换行符(其 ASCII 码在 0x09 到 0x0d 之间或 0x20)	是,返回 1; 不是,返回 0	ctype. h
int isupper(int ch);	检查 ch 是否为大写字母('A'~'Z')	是,返回 1; 不是,返回 0	ctype. h
int isxdigit(int ch);	检查 ch 是否为十六进制数字字符('0'~'9', 'A'~'F', 或 'a'~'f')	是,返回 1; 不是,返回 0	ctype. h
int tolower(int ch);	将字母 ch 转换为小写字母	返回对应的小写字母	ctype. h
int toupper(int ch);	将字母 ch 转换为大写字母	返回对应的大写字母	ctype. h
char * strcat(char * str1, char * str2);	把字符串 str2 连接到 str1 后面,str1 最后面的 '\0' 被删除	返回 str1	string. h
char * strchr (char * str,int ch);	在 str 指向的字符串中,找出字符 ch 第一次出现的位置	返回指向位置的指针;如找不到,则返回空指针	string. h
int strcmp(char * str1, char * str2);	比较两个字符串 str1、str2	str1 < str2 返回负数 str1=str2 返回 0 str1 > str2 返回正数	string. h
char * strcpy (char * str1, char * str2);	把 str2 指向的字符串拷贝到 str1 中去	返回 str1	string. h
unsigned strlen(char * str);	统计字符串 str 中字符的个数(不包括终止符 '\0')	返回字符个数	string. h
char * strstr (char * str1, char * str2);	在 str1 字符串中,找出 str2 字符串(不包括终止符 '\0')第一次出现的位置	返回该位置的指针;如找不到,返回空指针	string. h

续表

函数原型说明	功　　能	返　回　值	包含文件
char * memset(void * ptr, int val, unsigned len);	将值 val 写入到从 ptr 开始的长度为 len 字节的内存区的每个字节	返回 ptr	string. h

3. 输入输出函数

调用输入输出函数时,要求在源文件中使用♯include < stdio. h >。附表 D-3 为输入输出函数列表。

附表 D-3　输入输出函数

函数原型说明	功　　能	返　回　值
viod clearerr(FILE * fp);	清除 fp 指向的文件的错误标志,同时清除文件结束指示器	无
int fclose(FILE * fp)	关闭 fp 所指的文件,释放文件缓冲区	有错则返回 EOF,否则返回 0
int feof(FILE * fp)	检查文件是否结束	遇文件结束符返回非 0,否则返回 0
int fgetc(FILE * fp)	从 fp 所指定的文件中取得下一个字符	返回所得到的字符,若读入出错,返回 EOF
char * fgets(char * buf, int n, FILE * fp);	从 fp 指向的文件读取一个长度为(n−1)的字符串,存入起始地址为 buf 的空间	返回地址 buf,若遇文件结束或出错,返回 NULL
char * fopen (char * filename, char * mode);	以 mode 指定的方式,打开名为 filename 的文件	若成功,返回一个文件指针(文件信息区的起始地址),否则,返回 NULL
int fprintf(FILE * fp, format[, args,…]);	在用 format 指定的字符串的控制下,将输出表列 args 的值输出到 fp 指向的文件	返回输出字符的个数,若出错,返回 EOF
int fputc(char ch, FILE * fp);	将字符 ch 输出到 fp 指向的文件中	若成功,则返回该字符;否则返回 EOF
int fputs(char * str, 　FILE * fp);	将 str 指定的字符串输出到 fp 指定的文件中	若成功,则返回非负整数;否则返回 EOF
int fread (void * pt, unsigned size, unsignedn,FILE * fp);	从 fp 所指定的文件中,读取 n 个长度为 size 的数据项,存到 pt 所指向的内存区	若成功,则返回所读的数据个数;若遇文件结束或出错,则返回 0
int fscanf (FILE * fp, char * format[, args,…]);	从 fp 所指定的文件中,按 format 指定的格式,将输入数据存入到 args 所指定的内存中	若成功,则返回所输入数据个数;若遇文件结束或出错,则返回 EOF
int fseek(FILE * fp, longoffset, int base);	将 fp 所指向的文件的位置指针移到以 base 所指向的位置为基准,以 offset 为位移量的位置	若成功,则返回 0;否则,返回非 0
long ftell(FILE * fp)	返回 fp 所指向的文件中的读写位置	若成功,则返回文件中的读写位置;否则,返回−1L

续表

函数原型说明	功　能	返　回　值
int fwrite(void * ptr, unsigned size, unsignedn, FILE * fp);	把 ptr 所指向的 n * size 个字节写到 fp 所指向的文件中	实际写到文件中的数据项的个数
int getc(FILE * fp);	从 fp 所指向的文件中读入一个字符	若成功,则返回所读的字符;若文件结束或出错,则返回 EOF
int getchar();	从标准输入设备读取下一个字符	若成功,则返回所读的字符;否则,返回 EOF
char * gets(char * str);	从标准输入设备读入一行字符串,存入 str 为起始地址的内存空间,并用'\0'替换读入的换行符	若成功,则返回地址 str;否则,返回 NULL
int printf(char * format[, args, …])	在用 format 指定的字符串的控制下,将输出表列 args 的值输出到标准输出设备	若成功,则返回输出字符的个数;否则,返回 EOF
int putc(int ch, FILE * fp);	把一个字符 ch 输出到 fp 所指的文件中	若成功,则返回输出的字符 ch;否则,返回 EOF
int putchar(char ch);	把字符 ch 输出到标准输出设备	若成功,则返回输出的字符 ch;否则,返回 EOF
int puts(char * str);	把 str 指向字符串输出到标准输出设备,并将'\0'转换为回车换行	若成功,则返回非负值;否则,返回 EOF
int rename(char * oldname, char * newname);	将 oldname 所指的文件名,改为 newname 所指的文件名	若成功,则返回 0;否则,返回非 0
void rewind(FILE * fp)	将 fp 所指的文件位置指针指向文件开头位置,并清除文件结束标志和错误标志	无
int scanf(char * format[, args, …]);	从标准输入设备,按 format 指定的格式,将输入数据存入到 args 所指定的内存中	若成功,则返回所输入数据个数;若出错,则返回 EOF

4. 通用函数

调用通用函数时,要求在源文件中使用< stdlib.h >,附表 D-4 为通用函数列表。

附表 D-4　通用函数

函数原型说明	功　能	返　回　值
void * calloc(unsigned n, unsigned size);	申请分配 n * size 字节的连续内存空间	若成功,则返回所分配内存的起始地址;否则,返回 NULL
void free(void * p);	释放 p 所指向的动态分配的内存空间	无
void * malloc(unsigned size);	申请分配 size 字节的连续内存空间	若成功,则返回所分配内存的起始地址;否则,返回 NULL
void * realloc(void * p, unsigned size);	将 p 所指向的动态分配内存区的大小,改为 size 字节	若成功,则返回所分配内存的起始地址;否则,返回 NULL

续表

函数原型说明	功　　能	返　回　值
int rand(void)；	产生 0～RAND_MAX 的随机整数，RAND_MAX 为 int 型的最大正数	返回一个随机整数
void exit(int status)；	正常终止程序的执行，并以 status 为返回状态码	无
double atof (char * nptr)；	将字符串 nptr 转换成双精度数	返回这个数，错误返回 0
int atoi(char * nptr)；	将字符串 nptr 转换成整型数	返回这个数，错误返回 0
long atol(char * nptr)；	将字符串 nptr 转换成长整型数	返回这个数，错误返回 0

参考文献

［1］ K N King. C 语言程序设计现代方法［M］. 2 版. 北京：人民邮电出版社，2010.

［2］ Samuel P. Harbison Ⅲ. C 语言参考手册［M］. 5 版. 北京：机械工业出版社，2003.

［3］ 巨同升. C 语言程序设计——从入门到进阶［M］. 北京：人民邮电出版社，2011.

图 书 资 源 支 持

感谢您一直以来对清华版图书的支持和爱护。为了配合本书的使用，本书提供配套的资源，有需求的读者请扫描下方的"书圈"微信公众号二维码，在图书专区下载，也可以拨打电话或发送电子邮件咨询。

如果您在使用本书的过程中遇到了什么问题，或者有相关图书出版计划，也请您发邮件告诉我们，以便我们更好地为您服务。

我们的联系方式：

地　　址：北京海淀区双清路学研大厦 A 座 707

邮　　编：100084

电　　话：010－62770175－4604

资源下载：http://www.tup.com.cn

电子邮件：weijj@tup.tsinghua.edu.cn

QQ：883604(请写明您的单位和姓名)

用微信扫一扫右边的二维码，即可关注清华大学出版社公众号"书圈"。

资源下载、样书申请

书圈